Someday
Jeju

Someday Jeju

섬데이 제주

VOL 1

제주에서 카페하기

북노마드

《섬데이 제주Someday Jeju》는 '제주'를 담은 무크지입니다. 산수화山水畵가 '산수'를 그린 그림이
듯이, 인물화가 '인물'을 그린 그림이듯이 제주만을 그린 책을 만들고 싶었습니다. 북노마드가
머무는 곳이 제주에서 너무 먼 한강 근처여서일까요. 부끄럽게도 우리는 제주에 어떤 판타지를
갖고 있습니다. 금세 사라지는 시대의 유행이라며 여러 번 다그쳐 보았지만, 제주를 향한 끌림
을 저어할 수 없었습니다. 언젠가 그 판타지가 사라져버린 공허함을 감당하지 못해 다시 돌아올
지라도 그 마음을 따르기로 했습니다. 섬데이, 제주라는 '섬'에서의 '어떤 날'을 지속적으로 담
을 핑계거리를 찾기로 한 것입니다.

《섬데이 제주》1호는 육지에서 제주를 찾아, 지금까지 없었던 삶의 세계를 빚어내는 '사람들'을
만났습니다. 제주에서 카페를 연 사람들. 육지에서 건너와, 조금은 다른 삶을 살기로 결심한 사
람들을 찾아 나섰습니다. 일반적으로 많이 쓰이는 '카페'의 의미는 한 잔의 커피를 앞에 놓고 쉼
을 누리는 공간이겠지만, 우리가 찾아 나선 카페는 하나의 삶을 뒤로하고 또다른 삶이 태어나는
공간이었습니다. 사람들이 '제주 이민자'로 부르는 그들은 같은 곳을 바라보며 뜀박질하느라
여념 없는 이 철벽 같은 세계에 구멍을 내는 사람들처럼 보였습니다. 물론 그들의 다른 삶은 아
직 시행착오중인 듯했습니다. 몸을 써서 커피를 만들고 사람을 대하는 일에 아직 익숙지 않은 이
도 있었고, 제주로 처소를 옮겼건만 자신의 선택을 믿지 못하는 이도 있었습니다. 그럼에도 불
구하고 우리는 그들에게서 낭만을 발견했습니다. 그들은 언제든 카페 주인을 전직으로 남겨둔
채 홀홀 날아가버릴 '용기'를 지니고 있었습니다. 그들 중 누구도 세상이 정한, 잘산다는 것의
기준을 따르는 이가 없었습니다. 그들은 물질을 많이 갖지 못한 것을 부끄럽게 생각하지 않았습
니다. 오히려 제주에 와서 시간이라는 재산을 맘껏 소비할 수 있게 되었다고 만족해했습니다.
우리는 소망합니다. 그들의 공간에 가급적 비슷한 사람들이 모이길, 거기에서 행복한 일이 벌어
지길 바랍니다. 제주의 바다, 길, 돌, 바람, 집 사이사이로 카페를 지키던 그들이 지금도 눈앞에
아삼아삼합니다.

제주에서 맞는 아침은 솔직히, 좋았습니다. 그 아침이 어찌나 좋던지, 어제까지 육지에서 살았던 일이 까마득하게 느껴졌습니다. 여기 제주에 관한 한 권의 작은 무크지를 내어놓습니다. 제주의 어떤 풍경을 몸으로 기억하는 당신과 우리의 생각이 스르르 겹치는 책이면 좋겠습니다. 어느 하나 마음에 들지 않는 일상을 작파할 용기가 피어나는 날, 어디론가 떠나고 싶은 날, 이 책이 당신 곁에 놓이면 좋겠습니다. 그래서 제주에서 카페를 하며 새 날을 꿈꾸는 이들의 공통된 고백을 당신에게서 듣기를 소망합니다.

"제주 바람을 쐬고 나면 내 삶이 살 만한 것으로 느껴졌어요."

2014년 봄,
북노마드

＊거대한 슬픔이 무겁게 가라앉은 이 봄을 절대로 잊지 않을 것입니다.
'세월호' 희생자들의 명복을 빕니다.

Contents

그곳에 가면

글 이혜인

우리가 카페에 가는 이유는 여러 가지다. 커피를 마시러, 얘기를 나누러, 혹은 유명하다고 소문난 곳이니까 그냥. 나는 그곳에 '이름' 때문에 갔다. 한 집 건너 한 집이 카페인 세상에서 우리는 그간 수도 없이 많은 카페에 갔다. 하지만 단골 카페가 아니고서야 이름을 기억하는 카페는 별로 없다. 주인장이 알려주기 전에는 뜻을 알 수 없는 영어와 숫자들은 풀기 어려운 암호처럼 느껴졌다. 그래서 나는 그곳에 정말, 이름 때문에 갔다. 이 이름에서는 심지 굳은 생명력이 느껴진다. 법석 떨지 않으면서 조용한 고집을 부릴 것 같은, 바다의 것 같기도 하고 숲의 것 같기도 한 무엇. 나는 듣자마자 이름을 기억해버렸다. 당연하게도 그곳의 사람들이 궁금해졌다. 제주도 금능 해변 가까이에서 카페를 함께 운영하고 있는 커플 조윤정씨와 김기연씨를 만났다. 과연, 카페 이름처럼 단정하고, 깊고, 다부진 사람들이었다.

- -

그곳. 이름이 참 좋습니다. 어떻게 지은 이름인가요?

윤정_ '그곳'은 세 가지 의미로 읽힐 수 있어요. '곳'은 숲을 뜻하는 제주도 방언이에요. 잘 알다시피 바다로 뾰족하게 내민 육지의 끝이기도 하고요. 그리고 받침이 다르지만 이곳, 저곳 할 때의 그곳이 있어요. 어렵지 않은 이름, 제주도에 어울리는 이름을 고민했어요. '카페 곳'으로 할까도 생각했는데, '그곳'이 더 입에 잘 붙고 쉽잖아요. 사람들이 '그곳'으로 오해하더라도 쉬운 게 좋아요. 카페 문 열고 나니까 이름 좋다는 칭찬을 자주 들어서 뿌듯해요.

제주도 출신이 아닌 걸로 알고 있어요. 이곳에 오기 전에는 어디에서 무엇을 하셨나요?

윤정_ 서울에서 회사 다녔어요. 패션 브랜드 마케팅만 12년 정도 했죠. 직장 생활에 회의감을 느낀다거나 하지는 않았어요. 오래하다 보니까 잘하게 되어서 재미도 있었고요. 그런데 일에서 느끼는 재미랑은 별개로 제주도에 가고 싶은 마음이 너무 커서 회사 일에 지쳤던 건 있었어요.

기연_ 서울에서도 커피 일을 했어요. 프랜차이즈 본사에서 일하기도 하고 바리스타 강사도 하다가 마지막에는 서울 계동에 더블컵 커피라는 카페로 창업을 했어요. 그러다 거길 관두고 한옥 학교에 들어가서 목공 일을 배웠어요. 목수를 해볼까 하던 차에 제주도에 오게 되었어요.

그런데 어쩌다가 제주도에 내려오신 거예요?

윤정_ 제가 제주도를 좀 유별나게 좋아했어요. 서울에서 쌓인 스트레스가 제주에만 오면 사라졌어요. 1박 2일로 온 적도 많았고 무리하게 당일치기로 온 적도 있어요. 며칠 있는 게 중요한 게 아니라 제주에 있다는 게 중요했거든요. 제주 바람을 쐬고 나면 내 삶이 살 만한 것으로 느껴졌어요. 그렇게 제주의 힘을 빌려 삶의 균형을 맞춰 갔어요. 제 고향이 제주도라고 알고 있는 사람도 있어요. 명절에 문자가 오면 '제주도 갔겠네?' 그래요. 제가 좀 자주 다니긴 했어요. 그렇게 오가면서 늘 꿈꿨던 거 같아

요. '제주도에서 살고 싶다'.

'제주도에서 살고 싶다'는 생각은 많이들 하지만 막상 행동으로 옮기기는 힘들잖아요. 추진하게 된 계기가 있나요?

윤정_ 제주에서 살아보면 어떨까 이런 얘기를 둘이 참 많이 했는데, 기연 오빠가 먼저 훌쩍 내려가버렸어요. 원래 저지르는 성격이거든요. 저는 서울에서 혼자 엄청 고민하다가 한참 뒤에 내려왔고요. 언젠가 제주에서 살겠다고 생각했지만 지금 당장은 아니었거든요. 마음의 결정을 하게 된 계기는 기연 오빠 때문이었어요. 오빠가 동업자로서, 카페를 같이 해보자고 저를 설득했어요. 여자친구 자격으로 오라고 했으면 아마 안 왔을 거예요.

왜 하필 카페였죠? 제주도에 카페는 이미 포화상태라고 할 만큼 많잖아요.

윤정_ 젊은 사람들이 제주에서 일자리를 찾기란 정말 어려워요. 패션 일만 12년 했던 내가 시골에서 뭘 할 수 있을까 싶었죠. 여행사나 호텔 같은 회사도 생각했었고 이력서도 쓰긴 했지만 사실 오래 다닐 자신은 없었어요. 그래서 결국 자영업을 선택했어요.

기연_ 제주도에 카페는 정말 많은데 제가 원하는 분위기의 카페는 거의 없더라고요. 아무리 포화상태라도 이곳만의 개성이 있다면 해볼 만하다고 생각했어요. 저는 커피만 마시고 가는 카페보다는 재미있는 일들이 벌어지는

공간을 만들고 싶어요. 카페는 그런 공간을 만들고 유지하기 위한 수단이죠.

그곳은 확실히 제주의 다른 카페와 조금 다른 것 같아요. 특별히 신경을 쓴 부분이 있나요?

기연_ 경치 좋고, 아기자기하고, 제주에서만 먹을 수 있는 음료, 디자인, 이런 곳은 이미 많잖아요. 이런 카페도 하나쯤은 있어야 되는 거 아닌가 싶었어요. 누구 말마따나 홍대 같은. 제주 젊은이들이 서울로 카페 투어를 가기도 한다는데 제주에는 왜 이런 카페가 없을까 싶었죠. 관광객보다는 제주도민이나 이민자들을 먼저 생각했어요. 인테리어도 그렇고, 메뉴도 그래요. 어설프게 제주도 음식을 흉내낼 거면 하지도 말자 했죠. 지금 와서는 동네 어른들이 쉽게 다가올 만한 곳이 아니어서 속상하지만 근처 이민자들이 좋아해줘서 만족해요. 여행자들에게 구미가 당기는 곳은 아닐 거예요. 서울에서 보던 카페랑 차이가 없으니까.

그렇다면 커피는 어떤가요? 오랫동안 바리스타를 해온 기연씨만의 철칙이 있을 거 같은데요.

기연_ 좋은 원두를 사용하고 매일 로스팅을 하는 곳은 넘쳐나는지라 제가 특별히 내세울 건 없어요. 그래도 남들과 다른 점이 있다면, 로스팅하기 전에 온전하지 못한 콩을 골라내는 '핸드픽'을 하지 않는다는 거예요. 나름의

거창한 이유가 있어요. 세상에서 잘난 사람도, 약자도, 불편한 사람도 서로 도우면서 어우러져 살아가야 하는데 그러지 못하잖아요. 영원한 숙제겠지만, 그런 세상에서 살고 싶은 저의 이상을 커피에 반영하는 거 같아요. 못난 커피콩과 잘난 커피콩이 어우러진 최상의 맛을 내보려고 해요. 제가 좀 쓸데없는 고집이 있어요.

그런데 제주의 무엇이 그렇게 윤정씨를 매료시킨 거예요?
윤정_아무래도 자연환경이 아닐까요? 제주도에서 서울로 올라갔다가, 일주일 만에 도로 내려온 적이 있어요. 두

달 있다가 올라갔더니 천식이 생겨서 숨을 쉬기가 힘들었어요. 이러다 죽겠다 싶을 정도로 숨을 잘 못 쉬었는데 그게 한 달을 가더라고요. 공기가 정말 달라요. 여러모로 제게 특별한 섬이에요. 오빠도 여기서 만났고요.

두 분이 제주에서 만나신 거예요?
기연_여행을 하러 온 게 아니라 제주에서 살아보면 어떨까 하는 생각으로 한 달간 게스트하우스 쫄깃센터에 묵고 있었어요. 윤정이는 다른 데 묵으면서 거기에 자주 놀러왔는데 이미 제주 여행을 워낙 많이 다녀서 막 돌아다

니는 스타일이 아니었죠. 그래서 숙소에 둘만 남아 있을 때가 많았어요. 그러다 보니 얘기를 하게 되고…… 눈도 맞고. (웃음)

어쩐지 기연씨가 제주도에 덜컥 내려와버린 이유를 알 것 같아요. 좋아하는 사람이 좋아하는 곳이었기 때문인가요?

기연_그 비중이 컸죠. 제주도에서 윤정이를 만나고, 서울에 올라가서는 바로 지방에 내려와서 목공 일을 하게 됐거든요. 장거리 연애를 하면서 사이가 걷잡을 수 없이 멀어져서 하던 일을 정리하고 서울로 올라왔어요. 다시 장사를 하려고 했는데 친구의 연락을 받았어요. 자기 아는 사람이 제주도에 집을 냈다고. 그래, 이거다 싶었죠. 윤정이가 항상 제주에서 뭔가를 하고 싶어 했으니까요.

그럼 내놨다고 한 집을 바로 사버리신 거예요?

기연_제주도에서 지낼 때 윤정이랑 금능에 산책을 자주 왔었거든요. 돌아다니면서 항상 저기 살고 싶다고 버릇처럼 말하던 집이 하나 있었어요. 그런데 친구가 소개해 준다던 집이 바로 거기인 거예요. 흥분해서 윤정이한테 전화로 '그 집'이 나왔다고 했더니 딱 알더라고요. 정말 신기했어요. 그래서 고민하지도 않고 바로 집을 샀어요. 이렇게 안 하면 제주에서 살 기회는 영영 없을 것 같았어요. 다들 집 구하는 데 애를 많이 먹는데 저희는 운이 좋아서 비교적 쉽게 구했죠.

카페 자리를 구하는 과정은 어땠나요?

기연_쉽지 않았어요. 하고 싶은 곳은 따로 있었는데 그 건물 주인을 못 찾았어요. 제주에는 그런 경우가 많아요. 빈집도 워낙 많고, 수소문해서 주인을 찾아야 되고, 그래도 안 되면 토지 등본까지 다 떼어보고. 여긴 원래 돼지갈비 집이었다가 나중에는 창고로만 쓰이고 있었어요. 어느 날쓱 열어 봤는데 공간이 좋은 거예요. 겨우 주인 찾고, 년세 내고 빌렸죠.

금능에 자리를 잡은 이유가 있나요?

윤정_사실 카페를 하면 애월에서 하고 싶었어요. 애월 바닷가랑 산책로를 정말 좋아해요. 그런데 구한 집에서 애

월은 생각보다 꽤 멀었어요. 걸어서 하는 출퇴근을 꽹장히 해보고 싶었어요. 여기 카페랑 집은 걸어서 2분 거리예요. 서울에서는 한 시간 이상 거리를 지하철 타고 출퇴근했어요. 이사 가야지, 제주도 가야지, 내가 가고 만다, 그랬었거든요.

창고를 개조하면 공사비가 좀 절약되나요?
기연_그런 편이죠. 게다가 저희는 목수나 인부에게 부탁하지 않고 모든 걸 직접 했거든요. 나무 잘 만지는 형님이 전체적으로 도와주고 아는 동생은 그냥 쉬고 싶다고 내려왔다가 발목 잡혔고요. 요즘 제주에 올라오는 건물들 보면 땅 파고 올리는 데 2~3개월밖에 안 걸리거든요. 돈을 쓰면 그만큼 빨리 완공되는데 저희는 내부에만 3개월이 걸렸어요. 가구나 소품에도 돈을 안 썼어요. 제주도에서 자재를 사려면 육지보다 1.5배에서 많게는 3배 정도 비싸요. 버려진 나무를 잘라서 붙인 가구가 많고, 버린다는 거 있으면 주워 오고, 버려진 집에서 훔친 것도 있고. (웃음) 손때 묻은 물건들을 좋아해요.

이런 빈티지한 분위기가 그냥 나오는 게 아니었네요. 그러면서도 단정하고 깔끔해요. 허지웅씨가 여기 선 정리가 잘 됐다고 트위터에서 칭찬한 거 봤어요. (웃음)
윤정_허지웅씨가 쫄깃센터를 운영하는 메가쇼킹 오빠랑 친해서 같이 왔었는데, 선 정리로 칭찬을 받아서 깔깔대고 웃었어요. 쉬는 날마다 전선을 하나하나 천장에 붙였어요.

카페로 제주에서 생활을 영위할 수 있는지 궁금한 분들이 많을 거예요. 벌이는 어떤가요?
윤정_방송을 타서 이른바 대박이 난 집이 아니고서야 다들 비슷할 거라고 생각해요. 그 달 벌어서 그 다음달 쓰는 정도? 더구나 저희는 관광객보다 동네 주민이나 이민자 손님이 많기 때문에 음료 단가도 낮아요. 우리 카페가 그래요. 소문은 많이 난 편인데 정작 손님은 없는. 아무래도 오픈한 지 1년이 채 안 됐으니 지켜봐야겠죠.

그러게요. 계속 손님이 없네요. 손님 없으면 일찍 닫으면 안되나요?
기연_아무리 손님이 없어도 운영 시간까지는 기다려요. 제주도에 와서 마음에 안 들었던 것 중 하나가 대중없는

영업시간이었어요. 여행자는 어쩌다 한번 오는 제주, 여기에는 꼭 가보자 해서 일부러 온 건데 문은 닫혀 있고 주인은 바닷가에서 놀고 있고…… 전 이런 것까지 실제로 봤거든요. 세 번 갔는데 세 번 닫혀 있더라고요. 자유로운 것도 좋지만 헛걸음한 사람 입장에서는 결코 좋아 보이지 않아요.

제가 갖고 있던 환상 중에 하나인데, 제주에서 카페를 하면 여기저기 많이 놀러 다니는 줄 알았어요. 그런데 다들 별로 안 그렇더라고요.
기연_왜 유독 제주에만 그런 시각을 갖는지 잘 모르겠어요. 다들 저희가 시간적으로나 정신적으로나 여유롭고 무조건 행복할 거라고 생각해요. 제가 여기에 내려온 목적은 적게 벌고, 한가롭게 놀러 다니고, 이런 게 아니었거든요. 다른 곳에 살아보고 싶은 마음이 있었는데 마침 이곳에 오게 된 거지, 제주라고 해서 다른 의미를 누려보고자 온 게 아니에요. 여기도 하나의 삶의 터전일 뿐이잖아요. 사실은 제주도가 먹고 살기 힘든 곳이거든요. 물가도 비싸고 뭐 하나 사려면 차 타고 나가야 되고. 무슨 미국도 아니고. 도시가스가 없어서 가스비도 훨씬 비싸요. 서울에 있을 때만큼 틀면 집 가스비가 30~40만 원 나와요.

제주도가 무슨 환상의 섬인 것처럼 포장되어 있어요.
윤정_저희한테 다들 여유로워 보인다면서 부럽다고 그래요. 섬에서 카페를 하면 여유로워 보이나 봐요. 실상은 그렇지 않아요. 카페 준비하면서 뭐 물어보러 오는 분들한테 저는 장점보다 단점을 더 많이 얘기해주는 편이에요. 제가 내려오기 전에 고민할 때는 다들 좋은 얘기만 해줬거든요. 진짜 좋을 거라고, 다 그 얘기만 했어요. 방송이고 책이고 제주도 생활의 단점은 얘기 안 해주죠. 물론 좋은 점도 있지만 현실은 현실이에요. 애초에 각오를 단단하게 하지 않고 오면 힘들어요.

카페 일은 어떤가요? 정말 '낭만적 밥벌이'인가요?
윤정_체력적으로 많이 힘들어요. 맨날 컴퓨터 앞에 앉아 있던 사람이 안 쓰던 근육을 쓰는 거잖아요. 처음에는 오른손이 너무 저려서 일주일 동안 잠을 거의 못 잤어요. 그

리고 내 시간이 거의 없는 점도 힘들어요. 쉬는 날은 쉬는 날이 아니죠. 마트 가서 장 보고 정리하고 다음날 장사 준비를 해요. 회사 다닐 때는 주말이 내 시간이고, 연차 내면 제주도도 내려가고 그랬는데 여기서는 하루종일 매여 있어요. 아직 내가 적응을 못 했구나 생각해요. 카페 일이란 게 이런 거구나. 자영업이 이런 거구나. 많이 느껴요. 너무 현실적인 얘기를 했나?

네. 너무 현실적이에요. (웃음) 그래도 제주에 내려와서 '아, 정말 잘 내려왔다' 라고 느꼈을 때가 있다면요?
윤정_보라카이 부럽지 않은 에메랄드 빛 금능바다를 볼 때, 매일이 다른 해 지는 풍경을 볼 때, 후천성 천식이 있는 내가 마음껏 숨쉬고 있다는 걸 느낄 때.
기연_윤정이가 즐거워하는 걸 볼 때요.

아까 골목에서 해지는 풍경을 봤는데 정말 아름답던데요.
윤정_제가 하루 중 가장 좋아하는 시간이 해 질 무렵이에요. 이곳은 서쪽이니까 그만큼 일몰도 아름답죠. 가끔 옥상에 올라가 해 지는 모습을 한참 보다가 내려올 때도 있어요. 어릴 적부터 해 뜨는 것보다 해 지는 풍경을 더 좋아했던 걸 보면 저는 아마 제주의 서쪽에 살 운명이었나 봐요.

카페나 게스트하우스를 하는 이민자들끼리는 교류가 많은 것 같더라고요. 혹시 다른 일을 하는 이민자들과도 어울려 지내시나요?
윤정_그럼요. 주로 손님으로 오셨던 분들이 단골이 되면서 친구가 돼요. 나이대도, 하는 일도 다양하죠. 그게 참 좋아요. 서울이었다면 지나쳤을지 모르는 사람들과 인연이 된다는 게. 영화감독도 있고, 미술가, 음악가, 목수, 귀농한 분들까지 정말 많아요. 시간이 되고, 이동이 편한 사람들이 먼저 움직이면 바로 만남으로 이어지죠. 대부분 제주의 삶에 대한 이야기를 많이 나눠요. 제주라는 섬은 이민자들에겐 공통의 과제이자 화제이니까요.

제주 토박이 어르신들과는 어떻게 지내나요? 커피 드시러 오세요?
기연_오픈할 때 작게 잔치를 했어요. 동네분들한테도

초대장을 돌렸는데 안 오시더라고요. 알고 보니 제주에는 개업한 집에 돈이나 나물을 주는 풍습이 있대요. 아마 어르신들이라 그걸 당연하게 생각하시고 부담을 느끼셨을 수도 있어요. 한두 분만 돈봉투를 던지듯 주시고 바로 나가버리셨어요. 중년 아주머니 아저씨들 커피 드시러 오시는 편이긴 한데 별로 없죠. 이 동네는 중간이 없어요. 할아버지 할머니 아니면 다 애기들이에요.

제주도는 텃세가 심하다는 소문이 많잖아요. 정말 그런가요?
기연_섬이라서 그런지 육지 사람들에 대해 몸에 밴 경계심 같은 게 있어요. 워낙 왔다가 떠나는 사람이 많으니까 정을 주지 말아야겠다고 생각하는 것 같아요. 나이 많은 분들이 상처를 잘 받잖아요. 그런데 다 하기 나름인 거 같아요. 어떻게 다가가고 어떻게 하느냐에 따라 많이 달라요. 어떨 때는 어차피 갈 사람이라고 생각하고 대하기도 하고 어떨 때는 잘해주기도 하고, 좋은 분도 있고 아닌 분도 있고 그래요.

제주 방언 때문에 소통이 불완전한 부분이 있을 거 같아요.
윤정_제주 방언은 반 이상은 못 알아들어요. 제일상회라고 슈퍼집 할머니가 허리가 기역자로 굽으신 정말 나이

많으신 분인데 이분 말은 거의 못 알아들어요. 제주 방언은 어휘가 다르니까 더 힘이 들죠. 고구마를 감자라고 하고 감자를 지슬이라고 하니까 처음에는 헷갈렸죠. 옆집 삼춘은 서울말을 잘하시면서 일부러 방언을 하세요. 우리가 못 알아듣는 걸 알고, 니들 못 알아들었지? 하면서 장난 치세요.

제주도에선 할머니를 부르든 할아버지를 부르든 다 삼춘이라고 한다면서요?
윤정_네. 그런데 육지 사람이 삼춘이라고 부르는 걸 경계하는 분들도 있어요. 너희는 서울에서 왔으니까 서울식으로 하라고 하세요. 말 그대로 제주 사람들은 한 다리 건너다 친척이니까 삼춘이라고 하는 거니까요. 저희도 사실 삼춘이란 말이 낯간지러울 때가 있어요. (웃음) 여자한테는 이모님, 남자한테는 어르신, 삼춘, 형님이라고 불러요.

마지막 질문이에요. 제주에서는 봄이 오는 걸 어떻게 느끼나요?
윤정_바람에서요. 바람에는 그 계절에서만 맡을 수 있는 향기가 있어요. 겨울에는 차가운 온돌방을 밤새 뜨겁게 달군 난방유의 그을음 냄새가 섞여 있다면, 여름에는 비

를 잔뜩 머금은 흙 냄새가 나요. 봄에는 달콤한 향이 나고요. 바닷바람에 달콤한 꽃향기가 나기 시작하면, 아 봄! 봄이구나, 그래요. 그리고 옆 동네 게스트하우스 사장님이 플로리스트였는데, 오실 때마다 들풀이나 들꽃을 꺾어다 주세요. 얼마 전에는 유채꽃이 왔고 오늘은 동백꽃이 왔네요.

그곳의 사물들. 고철과 나무를 주워와 만든 테이블, 벽에 그냥 턱 하고 기대어놓은 초록색 문짝, 동네 아저씨가 '너네 이런 거 좋아하지?' 하면서 던지고 갔다는 손때 묻은 물건들 이것저것. 이 거칠고 심드렁한 것들 앞에서 나는 아기자기한 소품을 보고 꺄악 소리 지르는 여학생 같은 기분이 들었다. 물건들 저마다가 품고 있는 이야기를 듣는다면 밤을 새워도 모자랄 것 같았다. 대신 나는 그 물건을 하나씩 모아온 사람들의 이야기를 들었다. 그들의 이야기는 그 물건들만큼이나 소박했다. 그들은 도시에 염

증을 느끼고 섬에 온 보헤미안도, 시골 생활을 무조건 찬양하는 낭만주의자도 아니었다. 그저 자신이 선택한 길을 묵묵히, 욕심 부리지 않고, 그러나 기죽지 않은 모습으로 살아갈 뿐이었다. 그들은 로망과 환상을 제거한 자리에 사려 깊은 마음가짐 하나를 담았다. 둘은 서로에게 그러하듯 카페 앞 골목을 적시는 석양의 색깔을 감사히 여겼고, 금능바다를 소중하게 아꼈으며, 이 커다란 섬을 진심으로 존중했다.

주소 제주시 한림읍 금능길 65
전화번호 070-4128-1414
운영 11:00~21:00, 수요일 휴무
홈페이지 www.thegot.co.kr

Theme 제주 카페

제주 카페 열둘

굴꽃
바람
모살
하도
공작소
도모
쉐 올리비에
태희
프라비타
아일랜드 조르바
왓집
두봄

글 김민채

제주 사람의
가장 '제주스러운' 카페,
귤꽃

 2012년 봄, 함덕리에 문을 연 귤꽃을 한마디로 표현하자면, '가장 제주스러운' 카페다. 사람들이 '제주 카페'에 기대하는 제주다움을 갖춘 곳이기 때문이다. 카페 앞 감귤 밭에서 귤을 따볼 수도 있고, 제주의 싱그러움을 머금은 감귤라테도 맛볼 수 있다. 임용희씨는 가족들과 함께 귤꽃을 운영하고 있다. 손님이 많은 성수기와 주말에는 언니와 어머니가 일손을 돕는다.

감귤라테와 찹쌀쑥이와플 등 귤꽃에서만 맛볼 수 있는 독특한 메뉴가 눈길을 끌었다. 그녀가 직접 개발한 메뉴들이다. 그중 감귤라테는 호기심을 불러일으키는 메뉴였다. 사실 제주 카페라고 하면 누구든 한번쯤은 바랐을, 제주도에만 있을 법한 특이한 음료이다. 이름만 들었을 땐 커피가 들어 있지 않은 느끼한 음료가 아닐까 생각했는데, 커피와 감귤이 함께 들어 있어 개운한 맛이 일품이다. 한 입 들이마시자 커피 향과 감귤 향이 적절하게 뒤섞여 풍겨온다. 좋다.

●

감귤창고를 리모델링해서 만든 공간은 생각보다 더욱 아늑하고 따뜻한 느낌이 감돌았다. 돈을 많이 들였다면 한 달이면 끝났을 일들이지만, 목수 아저씨 두 분을 모시고 넉 달에 걸쳐 직접 공간을 만들었다. 원래 창고였던 공간이기 때문에 화장실을 새로 만들어야 했고, 창고에 있던 농업용 수도관을 카페 운영에 필요한 영업용 수도로 바꾸는 데에 계획했던 것 이상의 추가 비용이 들기도 했다. 그래도 창고를 활용해 직접 인테리어를 했기 때문에 제주 시내에서 카페를 하는 것보다는 적은 비용에 리모델링을 마칠 수 있었다.

"대학생 때 귤을 팔면서 돈을 모았어요. 당시에는 인터넷에서 귤 같은 농산물을 잘 안 팔았거든요. 그때 귤 캐릭터도 만들고, 사람들이 궁금해할 만한 것들을 사진으로 찍어서 올렸던 덕인지 귤이 잘 팔렸어요. 보통 큰 농장들은 귤을 분리하는 기계가 있는데 저는 기계 없이 일일이 손으로 귤을 분리해야 했는데, 오히려 그랬기 때문에 썩은 귤이 없이 판매할 수 있었고 받는 사람들의 만족도가 높았던 것 같아요."

처음 이곳에 공사를 시작했을 땐 이웃 분들이 시기상조라며 말리기도 했다. 하지만 하루에 단 한 테이블이라도 손님을 받을 수 있다면, 그것으로도 잘 시작할 수 있지 않을까 하는 생각이 들었다. 그리고 정말 손님이 들기 시작했다. 큰길에 둔 입간판을 보고 호기심에 찾아오는 손님도 있었고, 그녀의 블로그를 보고 찾아오는 손님도 있었다. 그래도 할아버지께서 함덕 분이었던 덕에 카페를 시작하고는 이웃 분들도 많이 마음을 써주셨다. 관광객들에게 '특이한 카페가 있으니 구경가보라'고 이야기해주는 이웃들도 있었다. 그런 식으로 조금씩 손님이 들기 시작했고, 그 손님들이 블로그에 글을 올리기 시작하면서 손님이 빠르게 늘기 시작했다.

자신의 힘으로 일군 카페에 손님이 늘면서 일에 더 재미가 붙은 것 같았다. 제주에서 카페를 하며 무엇이 가장 좋았냐는 질문에, 그녀는 뜻밖에도 가족들과 함께할 수 있는 시간을 꼽았다.

"가족들끼리 함께 카페를 운영한다는 사실이 참 즐거워요. 엄마랑 언니도 나와서 카페 일손을 돕고, 특히 저희는 감귤 농장이 있기 때문에 아버지도 감귤 밭일을 함께하시고요. 돈을 얼마만큼 벌고 이런 문제가 아니라, 가족들이 함께 나와서 무언가를 할 수 있다는 사실, 그 자체가 좋은 것 같아요."

●

귤꽃은 함덕리 마을 안쪽 감귤농장에 위치해 있지만, 손님이 꾸준히 찾아왔다. 용희씨는 손님을 마치 잘 아는 동생 챙기듯 살뜰히 챙겼다. 지도 검색까지 해가며 귤꽃을 찾아오는 분들에게 감사할 따름이라며 말이다. 바람이 찬 날엔 손

님들에게 죄송스러운 마음이 들어서, 손을 데우며 가라고 일회용 컵에 아메리카노나 따뜻한 차를 담아서 드리기도 한다고 했다. "잠시만 기다리세요!" 부엌에서 바삐 움직이던 그녀는, 카페를 나서는 우리에게 따뜻한 모과차 한 잔씩을 쥐어주었다. 모과차 향에 귤꽃의 여운이 오래도록 남았다.

어떻게 제주도에서 카페를 하게 됐나?

제주에는 본업을 따로 갖고, 감귤 밭을 가지고 있는 사람들이 많이 있다. 선생님인 아버지도 감귤 밭을 가지고 있었는데 따로 관리를 하지는 못했다. 그러다 내가 대학생 때부터 인터넷으로 귤을 팔기 시작했는데 꽤 잘 팔려서 회사에 다니면서도 틈틈이 귤을 팔았다. 이후로 계속 장사에 자꾸 관심이 쏠렸고, 결국 카페를 해봐야겠다는 생각이 들었다.

카페를 여는 과정에서 에피소드는?

원래는 제주 시내에서 카페를 하려고 했다. 3년 정도 커피도 배우고 메뉴도 개발하고 준비를 많이 했는데, 그사이 제주도에 커피 붐이 일어서 원래 계약했던 곳 근처에 12개의 카페가 생겨버렸다. 포기할까도 했지만 창고를 개조한 다른 카페를 보면서 우리 감귤농장 창고를 활용해야겠다고 생각했다.

카페를 운영하는 것과 회사에 다닐 때의 만족도를 비교한다면?

지금 카페를 운영하는 생활에 만족도가 더 높다. 내 의지에 따라 조정해서 자유롭게 일할 수 있어서 좋다. 일할 수 있는 시간만 딱 일을 하고 제 시간을 보낼 수 있으니 일상의 만족도가 훨씬 높다.

'제주에서 카페하기'를 준비하고 있는 사람들에게 해주고 싶은 말이 있다면?

창고에서 가게를 열려면 생각보다 돈도 많이 들고 준비할 서류도 많아서 발품을 팔아야 한다. 카페를 하면서 정신적으로나 체력적으로나 많이 힘들지만 내 경우는 가족이 많이 힘이 됐다. 의지할 수 있는 사람과 같은 목적을 갖고 함께 한다면 잘 해낼 수 있을 것이다.

주소 제주시 조천읍 함덕2길 90
전화번호 064-784-2012
운영 11:00~18:00, 수요일 휴무
홈페이지 http://bakingpuppy.blog.me

제주 커피 문화의
터줏대감,
바람을 만나다

현예지씨는 20년 전, 육지에서 제주로 삶터를 옮겼다. 학교를 졸업하자 서울을 벗어나고 싶어 제주를 찾아왔다. 그저 서울과 동떨어진 그곳이 필요했다는 그녀. 그녀에게도 바람 같은 성향이 있는 것 같다며 웃자, 그녀는 여기저기 떠도는 것이 좋은 게 아니라 '제주가 좋을 뿐'이라 답한다. 육지에 있는 친구들에게서 연락이 올 때면 "대한민국에 사는 한 제주에 있을 거니까, 너희들이 와" 하고 답한다는 그녀에게선 오랜 제주 생활의 여유가 느껴졌다.

제주살이가 쉽지만은 않았다. 처음 제주에 왔을 땐 자주 서울에 갔다. 매달 일주일 정도는 육지에서 시간을 보냈다고 하니, 꽤 잦았다. 음식 때문이었다. 지금이야 제주에도 다양한 음식 문화가 발달했지만, 20년 전 제주에는 먹을 만한 음식 파는 곳이 거의 없었고, 까다로운 입맛 탓에 제주 음식들 앞에서 숟가락을 들기 어려운 적도 많았다. 20년이라는 시간이 흐르며 제주 음식 문화도 변했고, 그녀의 입맛도 적응이 됐다.

맛에 대한 까다로운 그녀의 기준은 카페 음료에도 그대로 적용됐다. 손님들에게 내어놓는 것들에 까다로운 기준을 둔다. 내가 먹는 것과 똑같은 것을 팔아야 한다는 것이 첫번째 기준이다. 커피를 비롯한 모든 음료에 시판되는 제품은 전혀 사용하지 않고, 음료의 재료 하나까지 직접 만든다. 계절마다 메뉴가 바뀌는 것도 그 때문이다.

●

요즘은 육지에서 내려오는 젊은 친구들이 순전히 '카페 투어'를 목적으로 제주를 여행하는 경우가 많아졌다고 한다. 바람을 기점으로 카페 투어를 시작하려고 차를 타고 아예 내비게이션을 찍고 이곳까지 찾아오는 사람들도 있다. 그런 손님들껜 항상 감사할 따름이라고. 카페를 처음 시작했을 때, 막 교제를 시작했던 연인이 카페에 왔었는데, 이후 결혼을 하고 아이를 낳고 다시 그 아이와 함께 카페를 찾아온 적도 있었다. 오랜 세월을 제주에서 보내고, 카페의 주인으로 살아가다보니 그녀는 손님들과 함께 세월을 보내고 있었다.

그녀는 제주에서 오랜 시간을 살았던 만큼 제주 카페의 인큐베이터 역할도 한다. 제주가 좋아서 무작정 오는 젊은 친구들의 창업을 돕는다. 서울을 떠나왔던 20년 전의 자신을 보는 기분이 들기 때문이다. 빵이 맛있는 카페로 유명한 '빵다방 최마담'도 예전에 바람에서 일손을 도우며 커피를 배웠다. 입맛이 까다로운 그녀도 '빵다방 최마담'의 빵은 정말 맛있게 먹는다며, '빵다방 최마담'이 빵과 커피에 갖는 애정을 높이 샀다.

"제주도는 조금만 더 열심히 하면 절대 배신하지 않는 섬이에요. 하지만 서울에서 자신이 이루었던 것들을 생각하고 어깨에 힘주고 제주에서 일을 시작하는 친구들은 제대로 정착하지 못하죠. 자기가 제일 잘났다는 식의 생각이 제주에서는 통하지 않는 거죠. 제주와 카페, 커피에 대한 진심과 애정. 그게 필요해요."

그녀 또한 진심을 다해 커피를 배웠다. 커피 투어를 다니며 대한민국에서 내로라하는 카페들을 다 돌아봤고, 바리스타 트로피를 받았던 사람들의 카페를 찾아다녔다. 참고하고 배울 것이 있다면 일본까지 찾아갔다. 그런데 수많은 카페를 경험해보니 커피에 대한 애정이나 자부심보다 돈 벌기에 급급한 카페들도 많았다. 그녀는 그런 카페가 싫었다. 돈을 많이 벌기 위해 카페를 열었던 거라면, 제주 시내나 관광지 한복판에 자리를 잡고 홍보도 할 수 있었을 것이다. 하지만 그녀에게 중요한 건 돈을 많이 버는 것이 아니었다. 사람들이 맛 좋은 차를 마시며 편하게 쉬었다 갈 수 있는 공간을 갖는 것, 그 자체가 중요할 뿐이었다.

비가 오거나 눈이 오는 날의 바람을 가장 좋아한다는 현예지씨. 그런 날은 꼭 바람만 다른 세상인 것처럼 느껴진다고 했다. 흐리고 비, 눈이 오는 날에도 카페를 찾아와주는 손님이 있기에 더 따뜻하고 특별한 세상이다. 야외 천막 위로 떨어지는 빗소리를, 그녀도 손님들도 오래오래 기억할 것이다.

어떻게 제주도에서 카페를 하게 됐나?

처음 제주에 왔을 때는 과외 선생으로 일했다. 평소 카페를 해보고 싶었는데 딱 원하던 공간에 자리가 나서 바로 계약을 했다. 지금은 제주 이민이 흔하지만, 20년 전엔 혼자 제주에 정착하는 것이 힘들었다. 어떻게 하면 구색에 맞게 다시 이곳을 떠날 수 있을까, 하고 고민하기도 했다. 그런데 딱 10년이 지나니 제주에 오길 정말 잘했다는 생각이 들었다. 도망치지 않고 잘 버텨서 다행이었다는 마음이 들자 육지에 가는 횟수도 줄어들었다.

카페 주인으로 가장 중요하게 생각하는 건 무엇인가?

손님들이 맛있게 음료를 마시고 기뻐하고 만족하는 것. 음료의 재료는 손수 만들고, 성수기 때 바빠도 시판 음료를 섞어 대강 내놓는 일은 없다. 내가 먹는 걸 고르듯 손님이 먹는 것에도 까다로운 기준을 둔다. 그래서인지 유독 '잘 마셨습니다' 라는 한마디 인사가 참 좋다.

'제주에서 카페하기'를 준비하고 있는 사람들에게 해주고 싶은 말이 있다면?

제주에서 카페나 게스트하우스를 하려고 무작정 왔다가 적응하지 못하고 떠나는 사람들도 많다. 육지 땅값에 비해 제주 땅값이 싸니 가게 열기도 쉽고, 관광객이 있으니 매출도 꾸준히 생길 거라고 생각하겠지만, 제주는 그렇게 만만한 땅이 아니다. 제주가 가진 치유력은 분명 있지만 제주의 힘이 모두에게 동일한 건 아니다. 그래서 나는 늘 '신중하라' 고 말한다.

주소 제주시 516로 3041-15
전화번호 070-7799-1103
운영 11:00~23:00
홈페이지 http://login.blog.me

모살,
제주의 공간과
공동체를 복원하다

"모살은 제주말로 '모래'라는 말입니다……"

담담한 음성으로 이야기를 시작하는 그의 모습에서 남다른 기운이 느껴졌다. 알고 보니 그
는 미술작가였다. 제주에서 나고 자라 고등학생 때까지 제주에 살았고, 대학생활을 시작하
며 서울로 삶터를 옮겼다. 이후 미술작가로 활동하며 아일랜드에서 레지던시 프로그램에
참여했고, 그 이후에는 제주현대미술관에서 레지던시 작가로 또 6개월을 참여했다. 그리고
지금 그는 제주시 협재리에 있다.

●

제주현대미술관에서의 레지던시 생활 이후에는 강원도로 갈까 고민했지만, 그에게 새로운
인연이 나타났다. 여행중에 우연히 이다슬씨의 작업실에 들른 동업자와 뜻이 맞아 모살을
만들고 함께 운영하게 된 것이다.
그러나 그들의 목표는 '카페를 하겠다'가 아니었다. '카페를 통해 무언가를 이루겠다'는 것
에 가까웠다. 이를테면 모살은 궁극적인 지향점을 향한 과정이자 그 초석인 것이다. 이다슬
씨는 원래 환경과 에너지에 관한 작업을 하는 작가였다. 그런데 제주에서는 공간, 특히 '집'
에 대한 작업을 이어가고 있다. 버려진 집들, 잊혀버린 집들을 다시 집으로 만들고 사람들이
찾아오게끔 만드는 작업이었다. 그러니까 모살은 버려졌던 공간에 다시 생명을 불어넣고
그곳에 사람들이 모이게끔 만드는 그의 작업의 일부인 셈이었다.
하지만 이 공간이 지향점을 향해 가는 과정의 일부라면, 모살은 금방 사라지게 될 공간이 아
닐까 하는 의문이 들었다. 그러나 그의 대답은 '아니다'였다.

"아뇨. 과정이기에 더더욱 중요하죠. 폐가였던 건물을 카페로 만들고, 사람들이 다시 모이게
된 이상, 제가 아니더라도 이 공간은 운영될 수 있을 거예요. 만약 이곳이 사라진다면, 동네
주민들도 좋아하지 않을 거예요. 얼마 전까지 동네 주민들이 모여도 딱히 갈 곳이 없었어요.

그런데 모살이 예전에 이 건물에 있던 슈퍼마켓의 공간성을 되살리면서 사람들이 모일 공간이 생겼어요. 삼거리라 사람들도 쉽게 모일 수 있고요. 협재리 이장님도 굉장히 중요하게 생각하는 공간이에요. 아마 이곳이 금방 사라지는 일은 없을 거예요.”

•

그는 모살 외에도 또 어떤 공간에 숨을 불어넣었던 걸까? 모살과 같은 공간이 제주 동쪽에 두 채가 더 있다. 공간마다 특징이 다른데, 하나는 제주 전통음식을 파는 ‘요리 연구소’이고 다른 하나는 (말고기로 팔려가기 직전이었던) 제주 조랑말을 위한 ‘조랑말 집’이다. 그 공간들을 잇는 연결고리로 서로 다른 ‘점자’가 들어가 있는데, 그 점자들을 연결하면 한 편의 시가 된다.

모살의 인테리어도 직접 했다. 원래 건물에 있던 창틀을 활용해서 테이블을 만드는 등 최대한 원래의 집이 가지고 있던 것들을 해치지 않는 선에서, 옛 제주의 집을 복원하는 느낌으로 공간을 꾸몄다. 제주에서 카페를 준비하며 ‘리모델링 달인’이 되는 사람들도 많다고 들었다며 리모델링에 대한 이야기를 꺼내자 그는 조금 다른 생각을 밝혔다. 모살을 꾸리며 한 행위는 리모델링이 아니었다며 말이다. 원래 공간을 있는 그대로를 살려두었고, 이곳이 가진 가치를 되살리려 했기 때문이다.

실제로 제주의 옛 것을 은근슬쩍 담아내고 있는 인테리어가 모살의 남다른 분위기를 만드는 데 한몫했다. 옛날 제주 집에 있던 조명선을 활용하여 만든 조명이 멋스러움을 더했다. 건물 내부의 공간도 변형 없이 잘 살려냈다. 신발을 벗고 올라가는 작은 다락방 느낌의 공간은 카페에 들어설 때부터 호기심을 자아냈는데, 그 공간은 원래 제주의 집마다

있는 옷장을 넣는 공간이라고 한다. 그런 공간까지 그대로 카페에 어울리게 살려냈다.

●

'미술 작가' 며 '작업' 이며 어쩐지 어려워할 이들도 있겠지만, 어려울 것 없다. 그들이 카페라는 공간을 통해 '모살' 에 담아두고 싶었던 그 마음만 이해할 수 있으면 된다. 수많은 것들이 빠르게 사라지고 잊히는 요즘. 모살은 잊혀버린, 사라진 공간들에 새 생명을 불어넣고 사람들이 함께 머무는 순간의 기쁨을 되살려내는 중인 것이다.

카페란 본디 그런 곳이 아니던가. 향긋한 커피 향과 달콤한 빵 냄새가 풍기는 곳, 날씨에 어울리는 음악이 있는 곳, 무엇보다 곁에 있는 사람들과 함께 들러 잠시 몸을 기댈 수 있는 곳. 여러 마음들이 모여 쉬었다 가는 곳.

어떻게 제주도에서 카페를 하게 됐나?

나는 사실 미술 작업을 하는 사람이다. 도시를 벗어난 곳에서 문화 콘텐츠를 만들고 향유할 수 있는 공동체를 만들고 싶다. 모살도 그 작업의 일부라고 할 수 있다. '카페'라는 공간으로 운영하고 있지만 사람들이 잊어버리는 것들, 그러니까 흘러가는 순간이나 순간에 느꼈던 것들, 더 중요하게 복원해내야 할 가치들을 공간을 통해 지켜내고 싶다.

이곳 협재에, 이 집을 구하게 된 계기가 있나?

같이 준비한 형이 이곳을 알고 있었다. 원래는 슈퍼마켓이었던 건물인데, 2년간 사람이 살지 않으면서 폐가가 됐다. 다시 사람이 오가는 공간으로 만들어보자는 생각을 했고, 집 주인 분께서 취지를 듣고 무상으로 빌려주었다. 사라졌던 공간, 잊혔던 공간을 다시 복원해낸 후로 동네 주민들이 편하게 들를 수 있는 곳이 됐다.

제주에 적응하는 데 어려움은 없었나?

제주도는 지역감정이 굉장히 심하다. 특히 이곳 협재, 여기가 제주 서쪽 지역에서는 가장 텃세가 심한 곳이다. 일종의 '시기'라고 할까. 마을에 새로 온 누군가의 특정 가게가 잘 되거나 하면 생길 수밖에 없는 것이었다. 하지만 카페에 자주 찾아오는 마을 분들도 많이 있어 힘이 된다.

카페를 운영하는 것과 작가로 작업만 할 때의 만족도를 비교한다면?

비교할 수 있는 부분은 아니다. 모살을 운영하는 건 또다른 작업이다. 또다른 시간을 경험한다고 할까? 여기서 예전보다 훨씬 다양한 사람들을 만나고 있다. 예전엔 큐레이터나 기획자 등 미술과 관련된 사람들만 만났지만, 여기서는 완전히 다르다. 농사를 짓는 할머니 할아버지부터, 제주로 여행을 오는 분들까지. 다양한 사람들을 만나면서 보통 사람들의 미술적인 마인드나 삶의 지향점, 좋아하는 것들을 알게 된다. 모살을 통해 느끼는 모든 것이 작업의 일부다.

주소 **제주시 한림읍 한림로 385**
전화번호 **064-901-7188**
운영 **10:30~24:00**

머무름 없이,
서울을 떠나다
하도

빛을 머금은 따뜻한 주황빛 커튼. 벽면을 가득 메운 LP판과 공간을 울리는 노랫소리. 하도의 공간이 주인보다 먼저 첫 인사를 건넸다. 공간 곳곳을 채우고 있는 소품들 사이에서 유독 '머무름 없이'라는 말을 수놓은 소품이 눈에 띈다. 부스스한 머리를 하고 친구를 맞듯 다가오는 카페 주인에게 꽤나 잘 어울리는 말이다 싶다. 이 카페의 정체성 정도 되는 것 아니냐 묻자, "한 곳에 머무르지 않겠다는 말은 아니었는데 많이들 그렇게 느끼시더라고요. 뭐, 테이블 회전수 빠르게 빨리 마시고 나가라는 정도?" 하는 농담을 던지며 털털 웃어 보인다.

'머무름 없이'라는 말처럼, 스스로를 한량이라 표현하는 그녀의 하도에는 영업시간이 따로 정해져 있지 않다. 일주일에 3~4일 정도 문을 열고, 연다고 해도 늦게 열었다가 일찍 닫는 등 들쑥날쑥하다. 하지만 그녀가 자리를 비운 사이 카페를 찾아왔다가 발걸음을 돌려야만 했던 손님들에게는 죄송한 마음이 크다고. 그래서일까, 몇몇 블로그에 올라온 전화번호를 보고 전화를 주고 방문하는 사람들이 가끔 있는데, 그렇게 전화를 줬던 사람들이 올 때는 힘들어도 꼭 문을 연다고 했다. 그들이 헛걸음을 하지 않게 위해서 말이다.

"어차피 제가 잘 놀자고 제주에 왔고, 잘 놀자고 시작한 카페니까 최대한 스스로가 스트레스 받지 않는 선에서 해보려해요. 독자들이 이 책을 읽고 왔는데 또 문이 열려 있지 않으면 화를 낼 수도 있겠네요.(웃음)"

하도에서 조금만 걸어 나가면 있는 해안가에 올레길이 지나간다. 하도가 철새도래지이기 때문에 마을 안쪽까지 들어와 보는 사람들도 있다. 관광객이 많이 찾는 곳은 아니기에 하도는 잘 노출되지는 않았지만, 한 번이라도 들러 이 공간을 느끼고, 커피를 마셔보면 꼭 다시 오고 싶은 곳이다.

●

어디에 머무르든 자신만의 빛깔을 뿜어낼 것 같았던 그녀. 많은 곳 중에 왜 하필 제주도, '하도리'를 선택했는지 궁금해졌다.

"예전에 여행 왔을 때 이 마을이 정말 예뻤거든요. 하도 해변도 좋았고. 철새도래지에 호수도 있고 작은 숲도 있고. 아라리오 갤러리가 기억나서 검색해보니까 지명이 '하도리'로 뜨더라고요. 근데 당시에 매물이 이 집, 딱 하나였어요. 조금 무리였지만 저질렀죠!"

제주에 오기 전, 힘든 시간을 보냈다는 그녀. 그즈음 모든 것을 내려놓고 떠나고 싶다는 생각을 했다고 한다. 그러다 이 집을 발견하고선 바로 사버린 것이다! 대단하다는 눈빛을 보내자 현관문 쪽을 가리키며, 저기 입구 쪽은 아직도 은행 거라고 말하며 또 털털 웃는다. 당시 집은 생각보다 싼 편이었지만, 머무르는 동안 정말 예쁜 집에서 살아보자 싶은 마음에 비용을 들여 제대로 인테리어를 했다. 좋은 공간을 누리고 산다는 것이 '지금'의 '나'에게 투자하는 일이란 마음으로 말이다. 때문에 생활하던 공간을 카페로 바꾸면서도 별다른 리모델링이 필요하지 않았다. 전부 원래 있던 공간, 있던 물건들을 활용했다. 커피잔만 사서 얹힌 셈이었다.

한참을 이야기를 나누다보니, 잠깐의 정적이 흐른다. 그사이로 음악이 가득 찬다. 그러고 보니 이 카페, LP판도 벽면 가득, CD도 한가득 있다. 한편엔 피아노도 있다. 음악에 대한 남다른 애정이 곳곳에서 묻어나고 있었다. 평소에도 음악을 즐긴다는 그녀는, 카페에서 작은 공연을 열기도 했다. SNS로 홍보를 해서 20명 정도의 관객을 받은 소규모 공연이었다. 재즈 피아니스트 임인건 선생의 공연이었다. 특히 임인건 피아니스트와는 인연이 깊어 7집 앨범 재킷을 그녀가 직접 디자인했다.
그녀의 마음 씀씀이 때문일까. 음악하는 이들과의 인연이 깊어지자 하도에서 공연하고 싶다고 연락하는 사람들도 생겼다. 홍보할 수 있는 게 SNS뿐이라 공연을 열더라도 사람들이 없으면 어쩌나, 조금 부담이 되기도 한다고. 그러면서도 카페에 틀어놓는 음악이 좋아서 일부러 음악을 들으러 한 시간 반이나 운전을 해서 찾아오는 손님도 있다고 이야기하는 그녀의 말소리에서는, 달콤한 멜로디가 흘렀다.

어떻게 제주도에서 카페를 하게 됐나?

3년 전에 제주로 내려왔는데, 카페를 하겠다는 마음으로 온 건 아니었다. 편집디자인 사무실을 하다가 쉬고 싶어 제주로 내려왔다. 일단은 무작정 쉬었고 처음 1년은 도서관 사서 보조로 일했다. 서울 사람들이라면 딱 부러워할 모습이었지만 조직의 일부라는 것 자체가 스트레스였다. 결국 무얼 할까 고민하다가 카페를 시작했다.

카페를 하면서 스트레스가 거의 사라졌나?

아니다. 다른 종류의 스트레스가 있다. 인생을 크게 바꾸었기 때문이다. 나는 여자 혼자이기에 쉽게 '제주살이'를 결정했었다. 지리산 자락 같은 진짜 시골엔 여자 혼자 가기가 두렵기도 해서 제주도에 온 거였다. 하지만 겪어보니 생각보다 제주도는 더 시골이었다. 앞으로 어떻게 살까 하는 생각, 적당한 외로움 그리고 생계에 관한 고민이 뒤범벅되어 있다.

카페를 운영하는 것과 회사를 운영할 때의 만족도를 비교한다면?

비교할 수 없는 것 같다. 제주라는 곳은 특히나 '장소성'이 강하다. "제주에 산다"는 것 자체가 엄청 세다. 주변 사람들에게 '나 요즘 제주에 살아' 하면 그 자체로도 큰 화제가 된다. 그치만 "제주에서 어떻게 산다"는 것은 그동안 거의 논의된 적이 없었던 것이 사실이다. 어떻게 사는지를 더 고민해야 한다. 그래도 다른 곳에서 다른 일을 하며 살아볼 기회가 온다면 제주에서 카페를 하는 지금이 좋다는 결론이 날지도 모르겠다.

앞으로도 카페를 하며 제주에서 살 생각인가?

모르겠다. 제주로 올 때 인생에 큰 변화가 있었던 거라, 다시 한번 변화가 생긴다면 좀더 생계를 책임질 수 있는 안정적인 일을 찾을지도 모르겠다. 예전에 했던 디자인 일에도 아직 관심이 있다. 서울로 다시 가고 싶은 건 아니지만. 여기에서 그걸 활용하는 새로운 일을 할 수 있으면 좋겠다.

주소 제주시 구좌읍 하도13길 63
전화번호 010-2623-6137
운영 11:00~18:00(비정기 휴무, 전화로 문의)
홈페이지 www.twitter.com/b612atom

제주 이민자들과
아름다운 바다를 품는 꿈,
세화바다 앞 공작소

세화바다가 한눈에 들어오는 곳. 커다란 창으로 세화바다를 그대로 품은 카페가 있다. 바다를 향해 놓인 의자가 어쩐지 카페 거리로 유명해진 월정리를 떠올리게 하는 구석이 있었지만, 월정리와 세화리는 참 달랐다. 한적함 때문이었다. 최성훈씨가 이곳에 카페를 연 것도 세화바다 때문이었다. 다른 바닷가보다 훨씬 한적하고 아름다운 게 좋아 이곳에 자리를 잡았다.

겨울엔 5시쯤 해질 무렵의 바다를, 여름엔 정오쯤 물이 빠져나갔을 때의 바다를 가장 좋아한다는 그. 바다가 가장 예쁜 색을 띨 때의 시간까지 기억하고 있는 그는, 아마 평소에도 자주 공작소의 커다란 창문을 통해 세화바다의 풍경을 한없이 바라봤을 것이다. 그렇게나 차분하고 경이로운 마음으로 하루를 보내곤 했을 테다. 공작소를 찾아오는 사람들도 창을 통해 보이는 세화바다를 마음 가득 담아갔으리라.

●

그는 서울에서 영상을 제작하는 일을 했다. 서울에선 카페 주인과는 상관없는 삶을 살았지만, 제주에 오고서 선흘리에 있는 카페 세바에서 커피를 배웠다. 2012년 10월 카페를 열었지만 길지 않은 시간 동안 제주 동쪽 카페들과 제주 이민자들의 소통을 돕는 역할을 하고 있다. 공작소 앞에서 열리는 제주 이민자들의 벼룩시장인 '벨롱장' 때문이었다. 벨롱장은 매달 5일, 오전 11시쯤 1시간 정도 반짝 열리는 벼룩시장이다. 제주말로 '반짝'이라는 뜻의 벨롱장에는 다양한 제주 이민자들이 참여하는데, 제주에 잠깐 머무르는 이건 사는 이건 누구든 와서 자유롭게 참여할 수 있다.

벨롱장이 공작소 앞에서 열리기 때문에 최성훈씨가 직접 벨롱장을 기획한 건 아닐까 생각했지만, 벨롱장을 기획하고 주최하는 대표라 할 만한 사람은 없다고 한다. 처음 벨롱장을 시작한 건 하도리와 월정리 쪽에서 게스트하우스를 하는 제주 이민자들이었다. 게스트하우스라는 공통된 일을 하면서도 잘 만날 일이 없었던 이민자들이 서로 만나자는 취지로 벨롱장을 시작했다.

하도리와 월정리의 중간 지점쯤 되는 세화리에서 장이 열린 건데, 처음에는 공작소가 아니라 건너편 방파제와 도로 위에 가판을 만들어 진행됐다. 오가는 차들도 많고 위험하다는 생각에 공작소 쪽으로 자리를 조금 옮기기로 했다. 날이 많이 추운 겨울날은 공작소 안에서 벨롱장이 열린다. 따뜻해지면 다시 카페 밖에서 장이 열린다.

벨롱장을 통해 만난 제주 이민자들끼리는 나이도 비슷하고, 카페와 게스트하우스라는 일을 한다는 공통점이 있어서 서로 잘 어울려 지낸다. 벨롱장은 제주 이민자들이 함께 모여 교류할 수 있는 기회인 것이다.

•

이제는 벨롱장을 통해서도, 세화바다 앞의 명소로도 공작소가 많이 알려졌지만, 그 역시 제주에 정착하며 힘든 시간을 겪었다. 목수나 인부를 서울에서 데려오는 경우가 있었는데, 그들이 공사를 제대로 하지 않고 서울로 올라가버린 것이다. 바짝 하면 15~30일 정도 걸릴 일이었지만, 그 일 때문에 공사가 길어졌다. 갑작스럽게 다른 목수님께 다시 일을 부탁했고, 한 달 반 뒤에 공사가 마무리됐다. 그는 직접 공사 현장에 나와 일을 도왔다. 마감하고 칠하는 법을 배워 카페에 놓을 가구들을 직접 만들었다. 그 시간들을 이겨내고 공작소는 세화바다 앞에 문을 열었다.

바다를 좋아하는 그는 카페에 커다란 창을 냈다. 바다가 잘 보이게끔 말이다. 창고였던 느낌을 살리려고 따로 천장 마감도 하지 않았다. 옛 학교 교실 바닥 같은 느낌을 주는 바닥 때문에 어쩐지 교실 같기도 했다. 교실 이야기가 나오자 그는, 지역 청소년 센터에서 영상 교육을 했었는데 때가 되면 공작소에서도 어린이와 청소년을 대상으로 또 세화에 있는 사람들을 대상으로 영상 교육을 하고 싶다는 꿈을 전해왔다. 아이들과 함께 영상을 찍어 작품을 만들어보고 싶다는 그. 커다랗고 투명한 창문만큼이나 세상에 마음을 활짝 내어주는 이였다. 그가 만들어낸 카페가 교실 같은 느낌을 주는 것도 우연이 아니었을 것이다. 너그러이 제 것을 함께 나누는 바다처럼, 그의 삶이 꼭 그랬다.

INTERVIEW

어떻게 제주도에서 카페를 하게 됐나?
서울에서는 직장에 다니며 영상 제작을 했고, 제주에 내려오고도 대학교나 지역 어린이 센터에서 영상 교육을 했다. 그러다 어쨌든 여기에서 먹고 살아야 하니까, 장사를 하기로 결심했다. 사실 제주 이민자들이 제주에 와서 할 수 있는 일이 마땅치 않아서 게스트하우스 아니면 카페를 한다. 게스트하우스를 하기엔 성향이 맞지 않는 듯해 카페를 열었다.

세화바다 앞 건물은 어떻게 얻었나?

여행을 왔었는데, 세화바다가 정말 예뻤다. 여기에서 무언가 해보면 좋을 것 같다는 생각을 했다. 1층이 원래 창고였는데, 좋은 자리를 창고로 쓰는 게 아까워, 주인분에게 이야기를 해서 임대하고 카페를 열었다. 2012년 초에만 해도 근처에 이런 공간이 아무것도 없었다. 2012년 10월 공작소가 문을 열 때에도 마을 안쪽으로만 카페가 한 군데 있었고, 세화바다 앞 카페는 여기가 처음이었다. 지금은 이 근처 땅값이 거의 두세 배가 올랐다.

카페를 운영하는 것과 회사에 다닐 때의 만족도를 비교한다면?

계절이나 환경 면에서 생활하는 게 서울에 비해 힘들다. 제주도가 원래 겨울에 엄청 춥다. 제주도는 도시가스가 없기 때문에 난방을 하면 돈이 아주 많이 든다. 카페에는 나무 난로를 설치했는데, 나무만 구한다면 난방비는 거의 들지 않지만, 나무를 구하러 다니는 시간이나 가져온 나무를 손질하는 데 들이는 노력을 따져보면 싼 것도 아니다. 제주에 난방 때문에 힘들어하는 사람이 많다.

앞으로도 카페를 하며 제주에서 살 생각인가?

임대 계약 기간이 있어서, 재계약을 할 수 없을지도 모른다. 하지만 공작소에 대한 애정이 있는 만큼 카페를 계속 하고 싶다. 아이들 영상 교육으로 아이들과 함께할 수 있는 일이 있다면, 육지로 가건 제주에 살건 상관없다. 다만 워낙 바다를 좋아해서 아직까지는 육지로 가고 싶지 않다.

주소 **제주시 구좌읍 해맞이해안로 1446**
전화번호 070-4548-0752
운영 10:00~18:00(동절기), 10:00~20:00(하절기), 수요일 휴무
홈페이지 http://blog.naver.com/gongjakso428

제주에서 가장 작은 카페,
건강한 잼을 담다
도모

'크고 강한 것'들이 '좋다'는 인식을 얻기 시작했을 때 작고 여린 것들은 늘 그렇듯 저만치 뒤에서 숨을 죽였다. 3~4층짜리 건물을 통째로 카페로 사용하는 거대한 프랜차이즈 카페들이 거리를 메우고, 사람들의 일상을 잠식하기 시작했을 때 적잖은 사람들이 우려의 시선을 보냈다. 하지만 그때도 분명 작지만 소소한 풍경을 가진 카페들이, 크지 않지만 저마다의 맛과 철칙을 지켜가는 카페들이 있었다.

도모는 아주 작은 카페다. 작디 작은 창고 한 채. 문을 열고 들어서니 카페 주인이 조용히 우리를 반긴다. 작은 테이블 하나, 큰 테이블 하나. 작은 공간에 기분 좋은 냄새가 가득하다. 대화가 끊어질 때면 조곤조곤한 음악이 그사이를 가득 채운다. 작은 방이 기분 좋은 것들로 가득 찬 느낌. 그 느낌이 좋아 둘러보니 이 작은 카페엔 부엌 쪽으로 난 작은 창 말고는 창문이 없다. 거세게 불어치던 제주의 비바람도 하나도 새어들지 않는다. 가끔씩 오가는 차나 사람들의 소리도 남아 있지 않다. 날씨도 소음도 아무것도 남아 있지 않는 곳, 오로지 맛좋은 먹거리와 음악, 사람 그리고 순간만이 남아 있는 곳. 도모는 꼭, 작은 우주 같았다.

'여여'라는 닉네임을 쓰는 도모의 주인은 이제 제주에 온 지 2년이 되어간다. 서울에서 직장생활을

했지만, 도시에 대한 염증이 큰 건 아니었다. 도시에 있을 땐 안정적인 도시생활의 장점을 잘 누리며 즐겁게 살았다. 그러나 그녀는 귀촌을 선택했다.

"밀도가 낮은 곳에서 살고 싶었어요. 밀도가 높은 서울에서는 생활 스트레스가 있잖아요. 지하철을 타도 피곤하고. 그 걸 견디는 게 싫더라고요."

괴산에서 1년 정도 농사짓는 것을 배우기도 했던 그녀는 결국 제주도로 귀촌을 결심했다. 뚜렷한 계획이나 대책을 가진 건 아니었지만 그렇다고 우발적인 것도 아니었다. 그녀에게 제주는 '귀촌을 할 수 있는' 한 공간이었고 귀촌할 곳

으로 제주를 선택한 것뿐이었다. 사실 처음 제주에 올 때는 카페를 해야겠다는 생각은 없었다. 처음 1년은 월정리에 살며 쉬었다. 시골집을 빌려 살며 '시골에 사는 게 어떤 건지' 알게 되니 다시 서울로 올라가야 할까 고민도 됐다. 하지만 그 마음의 반대편에는 '무언가를 시작해봐야겠다'는 마음이 커가고 있었다.

●

도모의 건물을 보고 그녀는 그냥 작아서 좋았노라 이야기했다. 가게를 운영해본 경험이 없었기에 '엄두를 내기에 딱 좋은 크기'였다는 것이다. 공사를 시작하면서 월정리를 떠나 한동리로 이사를 했다. 아주 작은 공간이기 때문에 어렵지 않을 것 같았지만, 카페를 만드는 데에는 생각보다 많은 돈과 품이 들었다. 가구 짜는 것만 목수님의 도움을 받아, 조금씩 천천히 직접 인테리어와 내부 공사를 해나갔다.

제주 생활이 길어지며 그녀는 '제주의 것들'로 먹거리를 만들었다. '당근으로 잼을 만들어보면 좋겠다'는 막연한 생각에서 시작한 일이었다. 만들고 보니 맛이 좋았다. 제주의 당근과 유자, 귤…… 2013년 가을 문을 연 '도모'는 차를 파는 걸 겸한 잼 가게가 됐다. 직접 레시피를 개발한 잼인 만큼, 잼에 대한 그녀의 애정도 컸다.

"스콘에 발라서 먹어도 목이 막히지 않고 좋아요. 당근을 싫어하는 아이들도 당근 잼은 잘 먹는다고 하더라고요. 만들 때도 그냥 믹서에 확 갈면 편하지만, 일부러 체에다가 다 갈아서 만들어요. 그게 더 맛있으니까. 재료는 전부 유기농을 써요. 좋은 재료로 만드는 잼을 만들고 싶어요."

●

그녀가 놀며 쉬며 천천히 제주에 적응하고, 혼자서 조금씩 도모를 만들었듯, 그녀가 만든 잼과 빵, 커피에는 모두 그녀의 시간이 담겨 있는 것 같았다. 작고 여리지만 천천히 진심을 담아. 귀찮은 방법을 피하지 않고 건강한 방식으로. 거기엔 느리지만 제대로 순서를 밟아가는 시간이 있었다. 손님들에게 제주의 것들로 만든 건강한 음식을 선물하는 작은 공간. 도모의 맛은 작은 우주 같았던 도모의 분위기와도 꼭 닮았다.

조용히 빵과 차를 즐기고, 책을 읽다 떠나는 '착한' 손님들이 참 좋다며 웃는 그녀. 하지만 인터뷰 내내 보여줬던 삶의 가치와 맛에 대한 그녀의 진심은 더욱 착한 것이었다. 도모라는 작은 우주를 가득 채운 그녀의 시간이 착한 사람들을 불러 모은다. 그 건강하고 착한 시간이 도모에 있다.

INTERVIEW

카페를 운영하는 것과 회사에 다닐 때의 만족도를 비교한다면?
만족도가 높은지 낮은지는 사실 잘 모르겠다. 그 평가는 아주 많은 시간이 지난 뒤에야 할 수 있을 것 같다. 지금은 그걸 판단할 시기가 아니다. 지금은 여기 제주에서 사느라고 바쁘다. 카페 주인들이 한가로워 보이지만, 사실은 아주 치

열하게 산다. 특히 제주에는 아무런 연고도 없었기에 굉장히 치열하게 살아남아야 했다. 뭐든 혼자서 해결해야 했기에 어려운 시기도 있었다. 만족, 불만족에 대한 생각을 아예 해본 적이 없다.

서울로 돌아가고 싶다는 생각은 해보지 않았나? 스트레스를 비교하면 어떤가?

사실 서울에 살았어도 나쁘지 않았을 거다. 그런데 시골에 살면 또 그것만의 즐거움이 있다. 회사를 다니지 않고 시간을 보낸다는 게 참 즐겁다. 매일매일. 물론 살아가는 데에 스트레스는 있다. 하지만 그것들을 견뎌내는 데에 서울과는 조금 다른 감각이 생겨난다. 서울에 살 때와는 완전히 다르다. 생각하는 방식이나 시간관념도 많이 달라졌다.

제주 이민자들과도 잘 지내는 것 같다.

제주 이민자들은 대부분 나이가 좀 있고, 혼자 지내는 여자들이 많다. 그래서 서로 공유하는 부분이 많다. 물론 잘 맞지 않는 사람도 있지만, 직장 동료처럼 매일 만나야 하는 사이가 아니기 때문에 조금 안 맞더라도 큰 불만 없이 두루뭉술하게 살아간다.

앞으로도 카페를 하며 제주에서 살 생각인가?

삶이라는 건 어떻게 될지 알 수 없다. 제주도에서 살게 될 걸 미리 알지 못했던 것처럼, 앞으로 어떻게 될지는 모르겠다. 확실한 계획을 세우기에 삶에는 변수가 너무 많다. 여기서 정말 죽을 때까지 살 수도 있다.

주소 **제주시 구좌읍 한동리 계룡길 34 (계룡동 복지회관 앞)**
전화번호 **없음**
운영 **시간, 휴무일은 매달 블로그에 공지**
홈페이지 **http://blog.naver.com/thwvy** ● **www.twitter.com/domowop**

쉐 올 리 비 에

귀덕리 해안도로에서 만난 유럽식 빵과 마음

주소 제주시 한림읍 한림해안로 562
전화번호 070-4109-5056
운영 10:00~19:00(빵은 11시부터), 화요일 휴무
메뉴&가격 빵 3,000~4,000원 대, 아메리카노 5,000원, 핸드드립 5,000원 등
홈페이지 없음

귀덕리 해안도로 위에서 유럽을 만났다. 유럽식 효모 빵을 맛볼 수 있는 카페 '쉐 올리비에Chez Olivier'다. 쉐 올리비에는 프랑스말로 '올리비에네 집'이라는 뜻이다. 올리비에라는 성을 가진 부부가 카페를 운영한다. 외국 생활을 하던 프랑스인 남편과 한국인 부인 부부가 제주에 정착했다. 안으로 들어서자 프랑스인 주인장이 태연하게 한국말로 "안녕하세요~" 하고 손님을 반긴다.

하루에 서너 가지 종류의 빵만 정해 굽기 때문에 가는 날마다 빵 메뉴가 다르다. 그날 구운 빵만 판매하기 때문에 신선하고 촉촉한 빵을 맛볼 수 있다. 그날의 메뉴는 가게 안 보드에서 확인할 수 있다. 담백한 맛과 소박한 소품들이 좋은 공간이다. 40년 동안 수집했던 티스푼을 쉐 올리비에를 위해 내어주셨다는 부모님의 이야기가 함께 나온 차와 빵을 더 따뜻하게 만드는 곳.

태희
맛좋은 음식과 커피, 사람이 그리워질 때

주소 **제주시 곽지3길 27**
전화번호 **064-799-5533**
운영 **08:00~21:00, 화요일 휴무**
메뉴&가격 **피쉬앤칩스(small/medium) 10,000/13,000원, 아메리카노 4,000원, 체다치즈 버거 7,000원 등**
홈페이지 **없음**

온몸이 맛과 분위기를 기억하는 공간이 있다. 이국적인 분위기, 바삭하면서 촉촉한 피쉬앤칩스…… 곽지과물해수욕장 앞 '태희'도 온몸이 기억하는 공간이다. 호주에서 온 클럽메드 셰프 출신의 카페 주인 김태희씨가 운영하는 곳으로, 사실 커피가 메인이라기보다 피쉬앤칩스가 맛있기로 소문난 곳이다. 메인으로 음식을 즐기고 식후에 커피를 즐기면 딱 좋은, 브런치 먹기에 좋은 곳이라고 할까.

사진이며 낙서며 손님들의 흔적이 곳곳에 배어 있다. 여행을 즐겼던 카페 주인의 인테리어 솜씨 때문인지, 이국적인 맛과 분위기 때문인지 외국인들도 많이 찾아온다. 일리 커피를 쓰는 커피와 하귤 주스, 천혜향 주스 등 음료 메뉴도 소홀하지 않다. 다양한 종류의 세계 맥주도 있고 특히 여름엔 산미구엘 생맥주도 맛볼 수 있다. 곽지해변의 여름밤을 즐기기에는 이곳만한 곳이 없을 것이다.

프라비타
하도리를 찾는 사람들을 향한 정성

주소 **제주시 구좌읍 하도13길 62-9**
전화번호 010-4177-3213
운영 09:00~22:30
메뉴&가격 **핸드드립 5,000원, 블랙콘비아(에스프레소+흑맥주) 6,000원, 아이스 썸머라테(라테+아이스크림) 5,000원 등**
홈페이지 http://puravita71.blog.me/

구좌읍 하도리 철새도래지 인근에 위치한 프라비타. 하도리 인근을 산책하고 카페에 잠시 쉬어가도 좋고, 게스트하우스도 함께 운영하는 곳이기 때문에 숙박을 하며 하도리의 고즈넉함과 한적함을 만끽해도 좋다. 요즘은 게스트하우스와 카페를 함께 운영하면서 정작 카페 자체로는 기능을 못하는 곳이 많지만, 이곳 프라비타는 다르다. 프라비타의 주인 부부는 카페 메뉴와 맛 개발에 힘을 쏟는다. 끊임없이 연구하고 맛좋은 커피를 내어놓는 진짜 카페로 거듭나기 위해서다. 엄선한 생두를 카페에서 직접 볶아 판매하는 로스터리숍이다. 다양한 품종의 커피를 핸드드립으로도 제공한다. 커피와 맛에 대한 정성이 남다른 곳. 에스프레소와 흑맥주를 결합한 '블랙콘비아', 어린아이들이 즐길 수 있는 유음료 '베이비치노', 구좌읍 당근을 이용해 만든 '구좌 향당근라테' 등 특별한 메뉴를 즐길 수 있다. 파스타와 볶음밥 등 식사 메뉴도 있다.

아 일 랜 드 조 르 바

친구네 집에 놀러가듯, 편안한 마음으로

주소 **제주시 구좌읍 대수길 9**
전화번호 **없음**
운영 **10:00~19:00, 수요일 휴무**
메뉴&가격 **핸드드립 5,000원, 짜이 5,500원, 망고라씨 7,000원 등**
홈페이지 http://cafe.naver.com/islandzorba • www.twitter.com/islandzorba

8년 전 제주로 내려와 월정리에 자리를 잡았던 아일랜드 조르바. 평대리로 자리를 옮긴 지는 3년째. 제주의 옛집을 그대로 살려낸 공간이 인상적이다. 건물은 본채(안거리)와 별채(밖거리)로 나누어져 있고, 안거리에는 부엌과 거실 공간 그리고 카페 주인이 살고 있는 방이 있다. 손님들은 안거리에서든 밖거리에서든 마당의 테이블에서든 평상 위에서든 자유롭게 차를 마시며 평대리를 즐길 수 있다.

친구네 집에 놀러온 듯, 낮은 탁자가 놓인 거실에 자리를 잡고 앉으면, 열어놓은 문 밖으로 평대리의 풍경과 고요함이 넘실댄다. 바다가 바로 앞에 있는 건 아니지만 이곳의 정적 너머로 파도소리가 들려오는 듯하다. 카페 한편에 서서 보면 실제로 평대리 바다가 보인다. 다양한 LP와 턴테이블은 주인의 음악 취향을 전해주는데, 방문자마저 '아무 일 없이 거실에 누워 그저 음악이나 들으면 딱 좋겠다'는 상상에 빠지게 만드는 곳.

왓 집
제주의 사람과 문화를 생각하는 공간, Space What

주소 **제주시 중앙로5길 4**
전화번호 **064-755-0055**
운영 **영업 시간 11:00~21:00, 수요일 휴무**
메뉴&가격 **왓집커피 4,500원, 쉰다리 6,000원, 오메기 빙수 10,000원 등**
홈페이지 **culturewhat.tistory.com • www.facebook.com/culturewhat • www.twitter.com/culture_what**

왓집은 스스로의 정체성을 '제주문화카페'로 이름 붙였다. 실제로 왓집은 단순한 카페가 아니라 '지역'을 생각하고, '문화'를 창조하는 곳이다. 작은 브랜드들이 모여 창조적인 활동을 하고, 소비자와 다양한 교류를 할 수 있는 공간으로 운영되고 있기 때문이다. 수제 말인형을 만드는 '토마', 제주 느낌을 가득 담은 디자인 문구를 만드는 '디자인 왓', 빵을 만드는 '건빵진빵' 등 개인 브랜드가 입점해 있다. 또한 전시와 강연, 워크숍 등 다양한 문화 활동이 진행된다. 판매하는 물건은 물론이고 메뉴 또한 제주도를 담아내고자 노력했다는 느낌을 물씬 풍긴다. 제주 전통 떡인 오메기 떡을 활용한 '오메기 빙수', 놈삐(제주 무)를 활용한 '놈삐스프' 등 특별한 메뉴를 선보이곤 한다. 제주시 시내에서도 단연 눈길을 끄는 곳. 휴무일인 수요일엔 공간 대여도 가능하다.

두봄

두봄을 만나면 봄이 된다

주소 **제주도 서귀포시 안덕면 서광남로 123**
전화번호 **064-792-4222**
운영 **10:30~19:30(주문 마감), 일요일 휴무**
메뉴&가격 **더치 커피(예가체프/케냐AA) 5000/5500원, 두봄 버거 8,500원, 웨지 스킨 포테이토 5,000원 등**
홈페이지 **http://blog.naver.com/doobom**

멀리서 봐도 설레는 노란 외벽. 제주의 풍경을 액자처럼 담아낸 커다란 창문. 두봄은 '있는 그대로'의 아름다움을 잘 살려내는 카페다. 가정집을 개조하여 만든 실내 공간은, 인테리어가 깔끔하고 조화로워 어느 책에서도 소개된 적이 있다. 물론 두봄이 주목을 받는 이유는 인테리어 때문만이 아니다. 두봄의 맛 또한 재료 있는 그대로의 매력을 잘 살려냈다. 두부와 감자, 통밀빵으로 맛을 살린 '두봄 버거'는 고기를 넣지 않은 채식 버거다(치즈는 들어간다). 제주 흑돼지와 한우, 우리밀 빵과 유기농 야채를 사용해 자극적이지 않으면서 담백한 맛을 선사한다. 커피 또한 상온의 물로 장시간 추출해야 맛볼 수 있는 더치 커피로, 제주의 시간이 담긴 부드러움을 선사한다. "이곳을 처음 보았을 때에 돌담 곁 두 그루의 벚나무가 꽃피우고 있었지요. 벚꽃나무 한 그루에 봄 하나, 그래서 '두봄'입니다. 두봄에서 만나는 사람마다 봄이 되어요"라는 두봄 주인의 말처럼, 있는 그대로의 순간이 꽃 피는 봄 같은 공간이다.

필름, 제주

귤꽃

글 사진 **임용희**

❶ 창고가 생길 때부터 함께였던 사다리. 여름에는 해수욕장을 다녀온 손님들의 젖은 빨래를 걸어놓는다. 봄, 가을에는 지붕 위에 살고 있는 참새식구들의 놀이터가 되어준다. 사다리 본연의 목적은 잃었지만 지금은 가게를 지켜주는 듬직한 지킴이이자 주변 사람들이 탐내는 빈티지 아이템!

❷ 귤꽃의 마스코트이자 내 친구인 "오광이". 삽살이와 허스키 믹스견이다. 가끔 혼자 일하면 심심하거나 위험하지 않느냐 묻는 손님들도 있는데 오광이는 귤꽃의 직원이자 든든한 보디가드다. (오광이는 수놈이에요!)

❸ 푸른 하늘과 초록 숲, 주렁주렁 달려 있는 귤들. 정자에서 바라보는 풍경은 실제로 보지 않으면 그 감동을 알 수 없다. 스트레스를 받을 때 정자 위에 올라가 불어오는 바람을 맞으면 가슴이 뻥 뚫린다.

❹ "누나, 분명 차가 온 소리가 들렸는데? 손님 받을 준비하세요!"

❺ 다른 가게에 비해 허름한 창고, 카페 공사를 할 때부터 이 허름함을 지키고 싶었다. 모두가 깨끗하고 근사한 카페에 익숙해지는 요즘, 시간이 지나면 오래된 창고도 매력이 있다는 걸 누군가 알아주기를 바랐던 고집이었는지도 모르겠다. 별 볼 일 없는 감귤창고를 근사하게 바라봐줄 누군가를 기다리며…….

❻ 손님들이 들어오실 때 "와" 하는 소리가 들리면, 주인장으로서 기분이 묘하게 좋다. 특히 귤이 달려 있는 제철에 오시는 손님들은, 카페에 들어오기 전부터 감귤나무에 달려 있는 귤을 보며 신기해한다. 어른들이 아이처럼 설레어하는 모습을 보면, 감귤 밭에서 카페하길 잘했다는 뿌듯함을 느낀다.

그곳

글 사진 **조윤정**

❶ 아침에 출근해 오픈 준비를 다 끝내고 나면, 방해 받지 않는 오롯한 내 시간을 즐길 수 있다. 커피 한 잔을 옆에 두고 무언가를 끼적거리거나 책을 읽곤 한다.

❷ 오후 2시쯤, 카페 그곳에 해가 가득 차는 시간이다. 조금 무리해서 통창으로 바꾸었는데, 이 풍경을 볼 때마다 바꾸길 참 잘했다고 생각한다. 비가 오면 비 오는 대로, 해가 뜨면 해가 뜨는 대로 참 좋은 자리.

❸ 가끔은 손님이 너무 없어서 "우리 이러다 망하나……" 싶을 때가 있다. 이 사진을 찍었던 날도 아마 그런 날 중 하나였을 것이다. 열심히 청소를 하고 손님 오기만 기다리다 지루해서 한 컷!

❹ 앞집 강아지 쫑쫑이와 즐거운 한때
를 보내고 있다. 쫑쫑이에게 가끔 간식
도 주고 놀아주는데, 이제 쫑쫑이는 마
음이 변했는지 자주 놀러오지 않는다.
엄마가 되었기 때문인 것 같다. 가끔 두
마리의 새끼를 몰고 우르르 오는 날이
있는데, 그런 날은 우리에게 무언가를
기대하고 오는 날!

❺ 이 식물의 정확한 이름은 모르겠지만, 첫눈에 보자마자 "이건 우리 거
다!" 싶었던 녀석이다. 고사리과 무슨 식물이라고 들었는데 기억이 잘 나
지 않는다. 이 화분을 사겠다고 하니, 화분 가게 주인은 오래됐고 더럽다
며 새 화분으로 갈아준다고 했다. 하지만 우린 낡고 이끼 낀 오래된 화분
이 좋아 사려고 했던 거라, 그대로 가지고 왔다. 지금도 여전히 이끼가 끼
어 있고 낡았지만, 카페에 있는 식물 중 가장 마음에 드는 녀석이다. 큰 관
심을 두지 않아도 열심히 잘 자라고 있다. 그래도 가끔 너무 외롭지 않게
바람도 맞게 해주고, 물도 주고 있다. 오래도록 함께했으면.

❻ 도촬이다. 손님이 없는 날, 흔들의자
는 우리 차지다. 흔들의자에 앉아 창 너
머의 하늘도 보고 구름도 보고…… 트
위터도 보고? 가끔 낮잠도 잔다. 한 번
은 낮잠을 자던 오빠가 갑자기 들어온
손님에 놀라 정신없이 눈을 번쩍 떴던
날도 있다. 하하 그때 정말 웃겼는데!

리민里民이 된 이민자를 만나다
종달리 편

글 이혜인

바람이 그랬어.

제주도는 늘, 바람이 문제였다. 나지막한 가옥, 초가지붕, 돌담이 모두 바람 때문에 생겨난 생활 양식이다. 제주의 풍경은 인간이 바람에 맞서 싸워온 역사라고 해도 지나치지 않다. 하지만 모진 바람과 싸워온 것이 사람뿐일까. 팽나무. 제주에서는 폭낭이라고 불리는 이 나무는 제 몸을 변형시키면서까지 바람에 맞선다. 한쪽으로 쏠린 나뭇가지들이 버거울 법도 한데 다부지게 중심을 잡고 서 있다. 바다에서 불어오는 바람 때문에 제주도의 폭낭은 대체로 한라산을 향한다고 한다. 나무들이 나침반 역할을 하는 셈이다.

종달리 마을 입구에도 눈에 띄는 폭낭이 한 그루 있었다. 팀 버튼의 영화가 떠오를 정도로 기이한 모양새가 하루종일 쳐다봐도 지겹지 않을 것 같았다. 어쩐지 영험한 기운마저 느껴진다. 작은 마을 종달리를 굽어 살피는 나무신령이 아닐까. 싱거운 생각들을 하면서 발걸음을 옮겼다. 폭낭에서 조금만 걸어 올라가면 얼마 전 문을 연 카페가 하나 있다. 카페 이름이 재미있다. '바다는 안 보여요'. 제주도에서 카페를 한다고 하니 모두가 바다가 잘 보이는지를 먼저 물어보더란다. 그런데 바다가 안 보이는 이유가 또다시, 폭낭이다. 카페 옆집에 바짝 붙어 자란 폭낭 한 그루가 바다와 성산일출봉을 완전히 가리고 서 있다. 이미 폭낭의 매력에 빠져버린 나는, 이 나무가 그 무엇을 가리더라도 다 이해해줄 수 있는 기분이었다. 바다는 조금만 걸어가면 금방이다.

작은 카페 건물 주위로 세 집이 올망졸망 모여 있다. 모두 혼자 사는 할머니의 집이다. 왼쪽 할머니네에는 감나무가, 오른쪽 할머니네에는 팽나무가, 뒷집 할머니네에는 귤나무가 자라고 있다. 카페 주인은 어르신들에게 각각 감 할머니, 귤 할머니, 팽 할머니라는 애칭을 붙였다. 시끄러운 공사 현장도 너그럽게 이해해주시고, 짐을 보관하라고 감자 창고의 열쇠도 쥐어주시는 분들이다. 젊은 사람들이 내려오는 걸 진심으로 반겨주셨다고 한다. 넉살 좋고 예의 바른 젊은이들이라 금세 곁을 내주신 모양이다. 그리고 보

니 이 카페 건물 또한 종달리 풍경 속에 자연스럽게 녹아 있다. 아무래도 색깔 때문인 것 같다. 하얀색 벽에 파란색 지붕. 이 동네 여느 집과 비슷한 색을 썼다. 종달리의 집들은 색을 많이 쓰지 않는다. 이 마을을 그림으로 그린다면 물감은 네다섯 개 정도면 충분하다.

'바다는 안 보여요'의 두 주인장은 동업을 하고 있다. 직장인이었던 둘은 망원동 노가리집에서 술을 마시며 제주에는 왜 이런 포장마차가 없을까, 우리가 내려가서 그런 장사를 해볼까 했다. 포장마차가 아닌 카페가 되긴 했지만, 술자리에서 나눈 실없는 농담이 현실이 되기까지 1년의 시간이 흘렀다. 이들은 종달리에 집을 구하고 나서 강아지 '쫑'과 고양이 '달리'를 키우기 시작했다(합쳐서 쫑달리). 며칠 전에는 늘 몸이 근질근질한 쫑이를 위해 '쫑이 산책 음료'를 만들었다. 쫑이를 데리고 바다까지 산책을 시켜주는 손님에게 음료를 무료로 주는 것이다. 작은 아이디어 하나로 주인과 손님과 쫑이가 모두 행복해졌다. 문득, 기르는 개들을 위해 제주도 정착을 결정했다고 말하던 이민자가 생각났다. 그녀는 피부병을 앓던 개가 아주 건강해졌다고 웃었다. 제주도에 오니 행복한 개들을 많이 본다.

소금밭을 기억해.

카페를 지나 마을을 계속 걸었다. 바다를 보러 나가지 않아도 좋았다. 낮은 하늘 아래 탁 트인 갈대밭을 보고 있자니 바다를 바라보는 기분과 다르지 않았다. 지금의 이 갈대밭은 원래 소금밭이었다. 종달리는 제주 최초의 염전이 있던 곳으로 주민의 상당수가 제염업에 종사했다. 소금밭이 사라지게 된 때는 1900년경. 종달리 앞바다를 간척하여 벼농사를 지으려던 계획이 실패했다. 간척지에서 소금물이 계속 올라온 탓이다. 소금도 쌀도 생산할 수 없게 된 땅은 결국 갈대밭이 되었다. 현재 종달리민들은 반농반어 생활을 하고 있고, 주로 당근과 감자를 재배한다.

한때 마을 전체에 주요한 화두였을 소금에 관한 이야기는 이제 없다. 저 황량한 갈대밭이 원래는 마을을 먹여 살린 소금밭이었음을 알려주는 힌트는 두 개뿐이었다. '종달리 소금밭의 유래'가 새겨진 돌덩이가 하나고, '수상한 소금밭'이라는 게스트하우스가 둘이다. '수상한'이라는 형용사가 하도 수상해 게스트하우스의 문을 두드렸다. 서울에서 내려온 젊은 부부가 운영하고 있는 단정한 공간이었다. 게스트하우스의 이름은 카피라이터였던 남편이 지었다고 했다. 수상한 구석이 없어서 조금 아쉬울 즈음 아내가 말했다. "종달리에 책방을 만들려고요." 이 촌구석에 책방이라니, 잠시 내 귀를 의심했지만 생각해보니 못할 것도 없지 싶었다. 누구는 커피를 팔고, 누구는 책을 판다.

"원래 서점 가는 걸 좋아하는데, 제주에는 갈 만한 데가 없어요. 시내에 있는 서점은 참고서 위주고요. 누가 서점을 만들어주면 좋겠는데, 아무도 안 만들어줄 거 같으니 내가 해보자 한 거죠. 책도 살 수도 있고, 편하게 읽다 갈 수도 있는 동네 책방이에요"

'소심한 책방'은 종달리의 작은 창고에서 모습을 갖추는 중이다. 세 벽면에 꽉 찬 책꽂이가 책을 기다리고 있었다. 제주도 바닷가 마을에서 책을 공급 받기란 분명 수월하지 않을 것이다. 부딪혀봐야 한다고 말하는 그녀의 씩씩한 모습에 응원하겠노라 말했다. 어떤 모습으로 문을 열게 될지는 몰라도 누군가 무척 기다려온 공간, 누군가 새로운 기쁨을 느낄 수 있는 공간이 될 것임은 확실해 보였다. 다시 마을 입구의 커다란 폭낭으로 갔다. 봄을 만난 나무는 풍성한 그늘이 될 준비를 하고 있었다. 여름이 되면 팽 할머니도, 좋이도, 책방 주인도 이곳에 앉아 따가운 햇빛을 피할 것이다. 종달리는 그런 마을이다. 그저 삶의 풍경만으로도 근사한 마을이다. 우리에게 제주도가 있어서 참 다행이야, 라는 누군가의 말이 생각났다. 봄빛으로 물들어가는 종달리에 내가 있어서, 참 다행이었다.

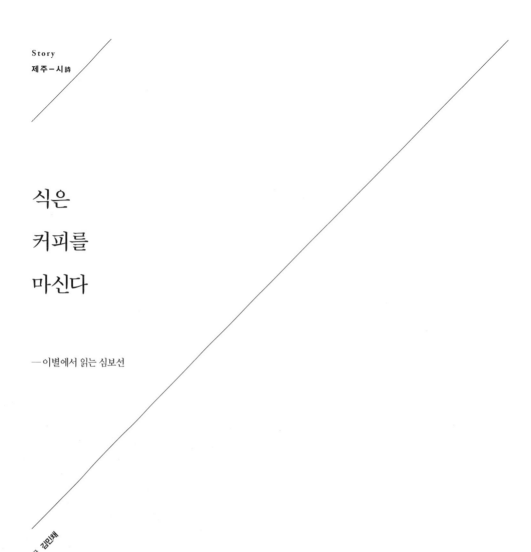

식은
커피를
마신다

— 이별에서 읽는 심보선

글 김민채

제주의 작은 카페에 앉아 식은 커피를 마신다. 나는 무엇인가를 앓다가 이 섬까지 흘러들어왔다. 그 모든 마음을 짊어질 만큼 넓고 깊은 섬으로. 그러나 섬은 되레 나를 앓게 했다. 나는 제주에서 많이, 앓았다.

제주의 밤은 언제나 길고 고요했다. 그 끝없는 고요에 음악을 채워보기도 했지만, 그 시간의 끝에는 언제나 아무런 소리도 남지 않았다. 모든 소리가 사라질 때쯤 나는 울었다. 행여 그 울음소리가 세상을 가득 채울까 입을 막고 끙끙거리며 울었다. 아무런 소리도 남지 않은 제주의 밤. 나는, 이별하기 위해 이 섬에 왔다.

너와의 이별은 도무지 이 별의 일이 아닌 것 같다.

멸망을 기다리고 있다.

그다음에 이별하자.

어디쯤 왔는가, 멸망이여.

─심보선 「이 별의 일」 전문

시인은 멸망을 기다리고 있다. 그가 진짜로 기다리는 것은 멸망 다음에야 올 '이별'이다. 그러나 멸망 뒤에는 이별 같은 게 있을 리가 없다. 멸망 이후엔 아무것도 남아 있지 않을 것이다. 이별을 할 나와 너도, 우리의 마음도. 멸망이란 그 모든 것의 소멸이다. 세상은 물론 '너'와 화자 또한 사라질 것이다. 두 사람의 시간과 그들 사이의 이야기는 모두, 사라질 것이다. 우리는 '없어서' 이별할 수 없을 것이다. 하지 못할 것이다.

그러나 멸망이란 이미 그 모든 것을 이별하게 만들었다. 두 사람의 순간, 화자의 과거, 너의 지금, 우리. 그 모든 것과 이별하게 될 것이다. 결국 세상은 아무것도 이별하지 못해, 모든 것이 이미 이별한 세상이다. 나와 나의 이별은 오지 않을 것이다. 하지 못할 것이다. 그러나 우리는 이미 멸망의 그 순간, 이별하게 되리라.

식은 커피를 마신다. 커피는 그냥 식어버렸다. 커피를 식히고 있었던 것은 맞지만, 이렇게까지 식기를 바랐던 것은 아니었다. 그저 내 혀가 데지 않을 만큼, 뜨거워서 깜짝 놀라지 않을 만큼의 온도가 되길 바랐을 뿐이었다. 내가 아프지 않을 만큼만 다치지 않을 만큼 상처받지 않을 만큼만. 한걸음 물러서서 기다렸을 뿐인데, 커피가 식어버렸다.

하나의 이야기를 마무리했으니

이제 이별이다 그대여

고요한 풍경이 싫어졌다

아무리 휘저어도 끝내 제자리로 돌아오는

이를테면 수저 자국이 서서히 사라지는 흰죽 같은 것

그런 것들은 도무지 재미가 없다

—심보선 「식후에 이별하다」 중에서

화자는 사랑이라는 이야기를 마무리 지었다. 이 사랑은 끝이 났다. 그들의 사랑은 휘저어도 제
자리로 돌아오는 흰죽처럼 고요한 풍경. 재미없는 것. 그들은 아마 식후에 이별하게 될 것이다.
이별을 이야기하게 되리라.

딴 생각을 했는지도 모른다. 커피가 식기를 기다리고 있다는 사실조차 잊었는지 모른다. 내가
왜 제주도에 있는지에 대해 생각하고 있었는지도 모른다. 나는 모른다. 조용한 제주의 카페. 이
별의 섬은 왜 내게 품을 내어준 걸까. 그냥 모르는 척 고개를 돌려버리지. 나 같은 거 그냥 섬 밖
의 날들에 머물게 할 것이지.

사랑이란 그런 것이다

먹다 만 흰죽이 밥이 되고 밥은 도로 쌀이 되어

하루하루가 풍년인데

일 년 내내 허기 가시지 않는

이상한 나라에 이상한 기근 같은 것이다

우리의 오랜 기담(奇談)은 이제 여기서 끝이 난다

—심보선 「식후에 이별하다」 중에서

내가 너를 굶주리게 했다. 하지만 '사랑이란 그런 것'이다. '하루하루가 풍년인데 일 년 내내 허
기 가시지 않는 것'이다. 너를 외롭게 했던 것은 반드시 '나'였으리라. 너는 가끔 나를 미워했을
것이다. 경멸하고 증오했을 것이다. 그러나 네 배를 주리게 한 것은 내 잘못이 아니다. 네가 배가
고팠던 만큼 나도 배가 고팠다. 하지만 안다. 그건 너의 잘못이 아니다.

너를 생각하는 사이 커피가 식었다. 창밖에 비가 흩뿌린다. 제주의 날씨는 늘 이렇게 가늠할 수
가 없다. 그러나 가늠할 수 있었다 한들 무엇이 달라졌을까. 나는 결국 비를 맞았을 것이다. 우리
는 이별했을 것이다. 식은 커피처럼, 내가 가졌던 모든 순간은 가버렸다. 가장 맛좋은 순간의 커
피를 기다리다 그 순간을 놓쳐버렸듯, 얼결에 놓쳐버린 것도 많았다. 모든 것이 지나갔다.

시인에게 이별은 그런 것이었을 테다. 자신의 모든 순간과의 이별. 찰나와의 이별. 커피가 식어
버렸듯 모든 것이 지나갔으리라. 사랑 질투 미움 광기 두려움 희망 절망…… 그는 이미 모든 것
과 이별했다. 그는 알았을 것이다. 격정의 순간마저 사라져버린 것은 그의 잘못도, '너'의 잘못
도 아니라는 사실을. 그러니 지금 그가 할 수 있는 일이라곤 멸망을 기다리는 일뿐. 이별조차 남

아 있지 않은 멸망 이후를, 모든 것이 이별하게 될 멸망의 순간을. 그는 기다리고 있다.

나는 섬에서 이별했다. 사면이 바다로 둘러싸인 곳, 고립된 땅. 이유가 어찌됐건 육지에서 가졌던 수많은 마음들과 이별할 수밖에 없는 곳. 이를테면 이별인 줄도 몰랐던 이별의 마음 같은 것들. 제주에 도착하는 순간 이미 많은 것과 이별했고, 또 더 많은 것들과 이별하기로 마음을 먹었다. 나는 이별하기 위해 많은 것들을 그곳에 두고 이 섬에 왔다. 당신이 두고 온 것이 무엇인지는 모르겠다. 내가 아는 것은 나와 당신이 오로지 이별밖에 남지 않는 섬, 제주에 있다는 것뿐이다. 이 섬에 도착하는 순간은, 이미 지독한 멸망이다. 멸망 뒤에 이별이 오리라, 아니 어쩌면 멸망 뒤엔 이별조차 없으리라.

두 손에 쥐고 있던 것들을 내려놓기 위해, 휘저어도 제자리로 돌아오던 흰죽처럼 무의미해진 순간을 던져내기 위해, 철저하게 멸망하기 위해. 이별하기 위하여 우리는 제주까지 왔다. 그러니 우리, 멸망을 기다리자. 그다음에 이별하자. 식어버린 커피를 모두 마시고 이별하자, 우리.

그
들
각
자
의
여
행
법

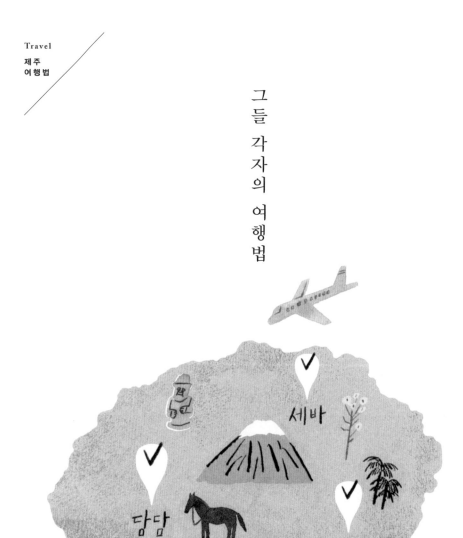

세바

담담

모드락572

글 **이혜인** 일러스트 **이윤희**

보통의 여행은 이렇다. 관광지를 목적지로 두고, 그 목적지에 도착하는 것만을 가장 중요하게 생각한다. 주변에 카페가 있으면 좋겠지만, 없어도 크게 상관 없다. 하지만 늘 그렇듯 보통의 방법은 뻔하고 재미가 없다.

여기, 제주도를 여행하는 새로운 방법이 있다. 괜찮은 카페 하나를 목적지로 두자. 그 주변에 관광지가 있으면 좋고, 없으면 말고. 그래도 이 여행은 충분히 만족스러울 것이다. 카페를 찾아가는 일은 제주에 좀더 깊숙이 들어가 보는 계기가 된다.

중산간 마을에 자리잡은 카페들이 있다. 주위에는 비인기 관광지가 대부분이지만 그들은 자신의 자리에서 묵묵히 커피를 팔고 있다. 제주의 속살을 만질 수 있도록 해주는 고마운 목적지. 꽤 괜찮은 카페 세 곳과 그곳에서 차를 타고 15분 이내로 갈 수 있는 아름다운 곳들을 지극히 주관적인 시각으로 소개한다.

제주현대미술관

제주현대미술관은 저지문화예술인마을 안에 있다. 저지문화예술인마을을 쉽게 설명하자면, 경기도 파주의 헤이리 같은 곳이
다. 방림원을 제외하고는 볼거리가 별로 없고 다소 썰렁하다. 미술관은 어떤가 하면, 볼거리는 있지만 썰렁하다. 서울의 어느
유명한 미술관에서 줄 서서 관람하던 기억이 떠오른다. 거의 텅 빈 미술관을 걷는 일은 색다른 경험이다. 제주도까지 와서 미
술관이라니, 라고 생각한다면 생략해도 무방하다.

저지오름

부담 없이 오를 수 있는 오름이다. 시간은 1시간 정도 걸린다. 입구에는 아름다운 숲 전국 대회에서 대상을 받았다는 팻말이 자
랑스럽게 꽂혀 있다. 왠지 더 아름다워 보인다. 저지오름은 정상에 오른다고 끝이 아니다. 오름의 분화구까지 내려가는 몇백
개의 계단이 기다리고 있다. 그러나 꼭 내려가보길 권한다. 25만여 년 전에 형성된 분화구 안에 서 있는 시간이 아깝게 느껴지
진 않을 것이다.

환상숲 곶자왈

곶자왈은 용암이 남긴 신비한 지형 위에서 다양한 동식물이 살아가는 숲을 말한다. '환상숲'은 개인이 운영하는 생태학습장이
다. 입장료가 있고, 12시를 제외한 매 시간 정각부터 해설을 들을 수 있다. 탐방은 50분 가량 소요된다. 친절한 숲지기의 해설
을 듣다보면, 이 기이한 숲의 비밀을 모두 알아버린 기분이 든다.

로스터리 카페 담담

서울에서 내려온 중년 부부의 조용한 카페. 남편은 커피를 볶고 아내는 빵을 굽는다. 커피도 빵도 인테리어도 튀어 보이려 하
지 않고 그냥 자신만의 분위기를 '담담'하게 고수한다. 만들면 금세 팔려나간다는 빵과 케이크는 에코생협과 한살림에서 공급
받는 친환경 제품으로 만들고 있다.

주소 제주특별자치도 제주시 한경면 저지12길 60
전화번호 064-773-5932

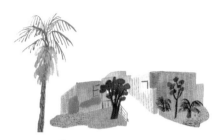

제주현대미술관

저지오름

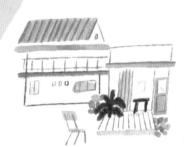

Roastery Cafe 담담

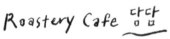

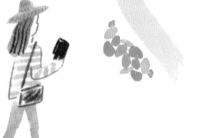

환상숲 곶자왈

서귀포시 표선면 가시리

따라비오름

가을철에 인기 있는 오름이다. 은빛 억새 물결이 오름 전체를 뒤덮는 광경이 진귀하다. 그러나 따라비오름은 다른 계절에도 충분히 아름답다. 특히 푸르른 계절, 오름에서 보는 일몰을 추천한다. 초록이 가득한 오름, 하얀색 풍력 발전기, 아름다운 산 등성이 사이로 사라지는 빨간 태양. 따라비오름은 오름이 보여주는 아름다움의 절정이다.

조랑말체험공원

제주도에서 가장 해봄직한 체험을 제공하는 공원이다. 말을 타볼 수 있는 것은 물론 말똥 줍기, 솔질하기, 안장 채우기, 먹이 주기도 가능하다. 아이들과 함께 가는 것이 훨씬 즐겁고 유익하겠다.

가시리 마을

언뜻 평범해 보이지만 다른 마을과는 조금 다른 분위기의 가시리 마을. 타지의 예술가들이 작업을 하거나 아예 눌러앉아 사는 곳이라던데 역시 창작지원센터, 문화센터, 갤러리, 디자인 카페가 눈에 띈다. 또한 이 마을에는 걸으면서 마을 문화를 탐방할 수 있는 '가름질'이라는 길이 조성되어 있다. 마을의 역사와 문화, 자연이 조화롭게 구성된 탐방로다.

모드락572

'모두 모여라'라는 뜻의 제주 방언 모드락. 창고를 개조한 건물이라 천장이 높고 전체적으로 아늑한 분위기다. 건물 벽면에 칠한 화사한 색깔이 봄과 참 잘 어울린다. 서울에서 카페를 오래 해오던 사장님이 전문적인 손길로 커피를 로스팅한다. 늦은 10시까지 동네를 밝히고 있으니 가시리의 밤에도 갈 곳이 생긴 셈.

주소 제주특별자치도 서귀포시 표선면 가시로 572
전화번호 064-787-5827

따라비 오름

조랑말 체험공원

Cafe 모드락572

가시리 마을

제주시 조천읍 선흘리

동백동산

선흘리에 위치한 곶자왈. 아직 잘 알려지지는 않았지만 제주 좀 안다 하는 사람들 사이에서는 소문난 비경이다. 동백나무가 많아 동백동산이라는 이름이 붙었지만 현재는 동백나무 개체수가 많이 줄었다. 동백꽃이 흐드러지게 피어 있는 경치를 보기는 힘들다. 대신 온갖 식물과 종가시나무, 후박나무 등의 푸르름이 시선을 압도한다.

다희연

동굴 카페로 유명한 곳이지만 6만 평 대지의 녹차밭도 볼 만하다. 제주도는 화산섬이기 때문에 물이 잘 빠지고 기후가 따뜻해 녹차 재배의 최적지로 꼽히는 곳이다. 끝이 보이지 않게 펼쳐지는 녹차밭은 골프카를 대여해 둘러볼 수 있다.

선녀와 나무꾼 테마공원

제주도에는 굳이 제주에 있을 필요는 없는 박물관, 체험관, 테마공원이 많다. 선녀와 나무꾼 테마공원도 제주에서 일부러 발걸음할 곳은 아닐지도 모른다. 하지만 이곳을 찾은 중년들이 아주 만족스러워 했다는 후기를 자주 본다. 60~80년대 생활상을 재현해놓은 전시가 조금은 뻔하지만 그 시절을 그리워하는 이들의 마음을 따뜻하게 해주는 것은 분명하다.

카페 세바

한적한 마을 선흘리. 정말 여기로 가면 카페가 나오는 걸까,라고 세 번 정도 생각할 때쯤 멋진 돌집을 마주치게 된다. 평소에는 한적한 카페이지만 수준 있는 재즈와 클래식 공연이 자주 열리는 곳. 재즈 피아니스트인 주인이 만든 작업실이 선흘리 주민들의 문화공간이자 제주인들이 즐겨 찾는 공연장이 되었다. 멋진 주방도 흘깃 구경해보시길!

주소 제주특별자치도 제주시 조천읍 선흘동2길 20-7
전화번호 070-4213-1268

Cafe 세바

동백동산

다희연

선녀와 나무꾼
테마공원

제주도를 여행하는 데에 꼭 필요하지는 않지만

제주도를 이해하는 데에는 꼭 필요한

제주 키워드 서른일곱 개

글 **김소연** 시인

강정마을
주민과의 합의 없이 해군기지건설이 강행되고 있는 지역. 구럼비 바위를 비롯한 생물권 보존지역을 훼손한다는 이유 등으로 강정마을을 지키려는 움직임이 활발하며, 현재 주민들과 시민활동가와 작가단체가 협력하여 책마을로 조성중에 있다.

곶자왈
'곶'은 '숲', '자왈'은 '덤불'을 뜻한다. 화산이 분출할 때 흘러내린 용암이 만든 요철 지형 속에 나무와 덩굴식물이 뒤섞여 숲을 이룬 곳. 쓸모없다 여겨져 버려지다시피 한 숲 지역이어서 '식물종 다양성의 보고'가 되었다.

관광지
제주와 상관없는 테마의, 너무 많은 박물관과 기념관들. 이곳을 찾지 않는다면 당신은 관광객이 아니라 제주도를 사랑하는 사람이다.

궤기
바닷고기.

궨당문화
'궨당'은 친인척을 뜻한다. 지연과 혈연이 중복되면서 웬만해서는 모두가 친척인 셈이다. 육지 사람을 배척할 수밖에 없는 근거로 여겨지기도 한다.

국숫집
무한반복하여 먹고 싶은 음식. 고기국수와 밀면과 회국수와 보말칼국수, 고기국수와 밀면과 회국수와 보말칼국수, 고기국수와 밀면과 회국수와 보말칼국수…….

귤

겨울철에는 조생귤은 악수하듯 주고받는다. 악수를 너무 많이 해서 처치가 곤란해질 정도.

극조생귤_ 10월 첫수확한 귤.

레드향_ 한라봉과 서지향을 접목한 귤. 과육이 풍부하고 빨갛다.

조생귤_ 극조생귤 이후에 수확한, 가장 흔히 접하는 귤.

천혜향_ 귤과 오렌지를 접목한 귤. 더 시고 더 달다. 가장 진한 맛.

하귤_ 여름철에 나는 귤. 크고 못 생기고 맛없다. 주로 차로 담가서 먹는다.

한라봉_ 한국산 오렌지로 불리는 청견과 폰깡을 접목한 귤.

황금향_ 천혜향과 한라봉을 접목한 귤. 덜 시고 더 달다.

난드르

서귀포시 예래동과 안덕변에 있는 지명. 제주 어디서든 한라산이 보이는데 이곳은 유일하게 한라산이 안 보여서 유명해진 장소.

낭푼

성별이나 연령 구분없이 한 식구가 각각 식기를 따로 쓰지 않고 '낭푼'이라는 큰 그릇에 밥과 찬을 넣고 함께 먹었다. 국만 따로 담았다.

년세

월세와 전세의 개념보다는 년세의 개념으로 세를 놓는다. 선불.

도새기

제주 흑돼지. 눈이 초롱초롱하고 사람의 인기척에 뛰어와 반가워하며 먹어야 될 것과 말아야 될 인분을 잘 구분하는 총명한 집짐승. 식용으로만 키우는 비만형 개량종 물돼지와 많이 다르다.

몸국

돼지고기와 내장과 수애를 넣어 끓인 육수에다 모자반(톳과 비슷한 종류의 해초)을 넣어 고아낸 국. 관혼상제에 마을사람들이 함께 나누어 먹은 전통음식.

먼나무

제주 사람과 쉽게 말을 틀 수 있는 멋진 나무. 한겨울에도 빨갛고 자그마한 열매가 열리는 이 나무는 가로수로 심어져 있는데, 길가 아무 가게에나 들어가 물어보라. "이게 뭔 나무예요?"라고. 그들은 그들이 지을 수 있는 가장 개구진 표정으로 말할 것이다. "이게 뭔 나무긴 먼나무지!"

모닥치기

'여럿이 다 함께'라는 뜻. 김밥, 김치전, 떡볶이, 군만두, 어묵, 달걀을 떡볶이 국물에 비벼내는 세트 메뉴.

무지개

제주도를 관광하는 사람에게는 잘 안 나타나고 제주도를 여행하는 사람에게는 자주 나타나는 제주 특산품.

물찌

해녀가 물질을 하기 위하여 15일 간격으로 바닷물의 간조를 헤아린다.

바람

제주 사람이 사력을 다해 싸우는 첫번째 상대. 한쪽으로 가지가 기운 편향 나무, 낮은 지붕의 돌담집, 접착없이 얹어 만든 돌담 등이 이 막강한 바람에 적응한 흔적들.

빙떡

메밀가루 반죽을 돼지비계로 지져서 안에 무채를 넣어 말아만든 떡. 빙빙 돌려 만든다는 혹은 빙철(지지미를 만들 때 쓰는 철판)로 만든다는 데서 유래한 이름.

빵집과 카페

개성 있는 제빵사의 지역 빵집들이 정말 다양하고, 빵도 정말 맛있다. 프랜차이즈 빵집들이 풀이 죽어 보일 정도. 카페도 마찬가지.

설문대할망

제주도 탄생 설화. 한라산을 베개 삼아 누우면 제주시 앞의 관탈섬에 걸쳐졌을 만큼 거대한 전설 속 인물. 이 할망이 치마폭으로 흙을 날라 제주도를 만들었는데, 그때 치마에서 떨어져나온 부스러기가 오름이 되었고 한라산을 빚다 너무 높아 윗부분을 떼어내 던진 것이 산방산이 되었다 한다.

습기

제주 사람이 사력을 다해 싸우는 두번째 상대. 녹이 잔뜩 슨 첼제대문과 우편함이 실은 습기가 매만진 작품이었지 세월의 흔적만은 아니었다. 장마철에는 가전제품에 녹이 슬 정도다.

시내버스, 시외버스

시외버스보다 시내버스의 배차 간격이 더 크다. 시내버스를 갈아타며 목적지를 여행하는 사람은 진짜 고수. 시외버스는 아주 잘 발달돼 있어 이용하기에 편리하다.

신구간

제주도 세시풍속 중 하나. 대한 후 5일에서 입춘 전 3일 사이의 일주일 정도의 기간을 가리키는 말. 이 시기에 이 세상을 관장하는 2만 종류에 가까운 신들이 모두 하늘로 올라가 옥황상제에게 한 해 동안의 업무 보고를 한다고 믿는다. 잠시 신들이 자리를 비운 이 지상에서 평소에 금기됐던 일처리를 해야 아무 탈이 없다고 믿어서, 이 기간을 이용해서 주로 이사를 하고 집을 고치고 묘소를 손보고 나무를 자른다.

오름

분화구. 제주도의 지형, 역사, 전통, 문화, 생태, 삶 등을 머금은, 거의 모든 것들의 역사. 산·악·봉·오름·동산·메·미·올 등으로 불린다. 처음 제주를 찾아온 사람에겐 바다가 먼저 눈에 들어오지만, 제주를 여러 번 찾아온 사람들은 오름을 좋아하게 된다. 약 360개의 오름이 있으며, 오름마다 설화가 있고 마을이 있다.

오메기떡

'오메기'는 '차조'를 뜻하는 말. 차조가루를 익반죽해 둥글게 빚어 고물을 묻혀 만든 떡.

옥돔

제주에선 옥돔만을 생선이라 부르고 다른 바닷고기들은 각각의 고유명사로만 부른다.

올레

진입로에서 집까지 이어지는 길. 모나지 않게 둥글게 휘어진 길.

장팡뒤 문화

'장팡뒤'는 장독대를 이르는 말. 장을 담글 때 한 사람이 1년 동안 먹을 양을 약 콩 한 말로 기준한 후 식구수대로 딱 맞게 장을 담갔다. 딱 그만큼인 만큼 "친정에 가 다른 걸 빌어와도 장은 빌어오지 말라"는 속담이 있을 정도로 주고받는 것을 엄격하게 금했다. 장독대는 신성한 구역으로 취급됐고 외부인의 출입도 철저히 금했다.

정낭

대문을 대신하여 길다란 통나무 세 개를 가로로 걸쳐놓은 것. 정낭 세 개가 모두 걸쳐 있으면 주인이 먼 곳으로 출타한 상태라는 표시, 다 내려 있으면 주인이 집 안에 있다는 표시, 한 개가 내려져 있으면 조금 먼 곳에 있다는 표시, 두 개가 내려져 있으면 가까운 곳에 잠시 볼일을 보러 갔다는 표시. 가축이 멋대로 출입하는 것을 통제하려는 부수적인 목적도 있다.

제주 돌

돌담_ 밭담 | 경작지의 소유를 구분하고 가축의 출입을 막는 담.
산담 | 무덤을 둘러싸고 쌓인 사각형의 담.
원담 | 물고기를 가두기 위해 바다에 설치한 돌그물.
잣담 | 밭담처럼 쌓아두었지만 길 역할을 함. 그래서 '잣길'이라고도 부름.
집담 | 집 주위를 에워싼 담.
돌하르방_ 80년대 관광산업이 제주도의 트레이드마크로 내세운, 인지도 1순위의 제주 돌.
방사탑_ 나쁜 기운을 막기 위하여 쌓아둔 탑. 이 탑 안에 돼지, 솥 등의 제물을 넣고 돌을 쌓았다.
주상절리_ 뜨거운 용암이 식으면서 부피가 줄어들 때 수직으로 쪼개지며 빚어진 돌터.

제주 여성

1629년부터 1876년까지 제주 여성은 출륙금지 상태에 있었다.

지슬

세계에서 가장 맛있는 감자. 제주 사람은 고구마를 '감자'라고 부른다.

한라산

한라산은 외지 사람에게는 오르기가 나쁘지 않다는 의미에서 '명산'이지만, 제주 사람에는 신들이 너무 많이 살아 '악산'이라 불린다. 오를 때에는 몸을 낮추고 조심하고 경외한다. 해가 쨍하고 맑은 날은 연중 한 달 정도도 안 된다. 그만큼 기후 자체가 열악하다.

해녀

잠녀라고도 한다. 별다른 도구 없이 나잠업으로 물질을 한다. 테왁을 부레로 이용하여 바다 것을 채집해 망시리에 담는다.

해안도로

에메랄드 빛 바다를 따라 섬 전체를 돌 수 있다. 약 240km. 용두암 → 금능해수욕장 → 산방산 → 서귀포 → 표선해수욕장 → 성산포 → 함덕 → 용두암. 자전거를 이용할 때에야 비로소 제대로 풍경을 음미할 수 있다. 최소한 2박 3일 정도면 온전히 음미할 수 있다.

1100 도로

한라산 1100고지가 있는 도로. 가장 아름답고 가장 위험한 길. 이승과 저승 사잇길처럼 신비롭다. 자욱한 안개로 뒤덮여 한 치 앞이 안 보이는가 하면, 이내 쨍한 햇살을 사금파리처럼 쏟아내는 나무들이 보이고, 도로 위를 유유자적 뛰노는 고라니와 노루를 만난다.

4·3 항쟁

1948년 4월 3일부터 1954년 9월 21일까지 제주도에서 일어난 민중항쟁. 미군정과 친일세력에 대항한 이 봉기에서, 90퍼센트가 넘는 가옥이 불에 탔고, 수많은 제주도민들이 무차별 학살되었다.

김소연
시인. 시집 『수학자의 아침』과 『눈물이라는 뼈』 『극에 달하다』,
산문집 『마음사전』과 『시옷의 세계』 등이 있다.
제10회 노작문학상과 제57회 현대문학상을 수상했다.

비자나무
숲

글 **박연준 시인**

어떻게 말해야 할지 모르겠다. 다만 무거운 시소가 있다면, 그것을 버리기에 비자나무 숲만한 장소가 없다는 얘기를 하고 싶다. 진실은 언제나 약간의 거짓을 품고 있는 법이다. 어쩌면 내가 생각하는 것은 진실이 아닐지도 모르고, 만약 진실을 원한다면 거짓의 활약이 필요할지도 모르겠다. D는 거짓과 진실로 점철된 내 인생의 한 조각, 작지만 또렷한 조각이었다.

D와의 관계는 일종의 '시소 타기' 같았다. 한쪽이 내려앉으면 다른 쪽은 공중에서 흔들리는 발을 보며 미소 지었다. 우리는 높이를 달리하며 자주 엉켰고 한쪽이 이유 없이 가벼워지기도, 무거워지기도 했다. 우리는 시소를 타고 있다는 사실을 모르는 채 시소를 탔다. 시소는 보이지 않

앗으나 완벽했고, 즐거움을 주었다. 간혹 둘 중 한 명이 시소에서 떨어지기도 했는데, 중력의 법칙처럼 자연스럽게 여겼다. 우리는 반복 속에서 길들여졌고 시소를 완전히 떠난 적은 한 번도 없었다.

오랜 시간 동안, D는 대부분 여자 친구가 있었고 나도 애인이 있었다. 우리는 시소 위에서 서로의 애인에 대해 얘기했고, 애인들과는 할 수 없는 얘기까지 털어놓았다. 나는 D의 가족이나 친지들도 모르는 그만의 동굴을 알고 있었으며 그 속에서 D가 어떤 식으로 우는지도 알았다. D는 내 뾰족한 성격과 바닥에서 천장까지 파동이 이는 기분의 주파수를 파악했다. 나에 대해 시시콜콜한 것까지 알고 있었고, 적절한 시기에 위로나 칭찬, 농담을 건네 나를 웃게 할 줄도 알았다. 사람들은 우리에게 단지 그냥 '친구'인가를 물었고, 그때마다 우리는 고개를 저으며 웃었다. 15년 동안이나 친구였고 앞으로 150년 동안 친구로 지낼 예정이라고 말하며. 가끔 D가 익살맞은 표정을 지으며 덧붙이기도 했다. 우리는 신화에 나오는 '복희 남매'일지도 모른다고.

D는 새침하고 도도했다. 귀하게 자란 사람들에게서 풍기는 권태로움과 여유가 몸 곳곳에 배어 있었다. 약간의 사시斜視를 가지고 있었고 턱을 치켜들고 눈은 살짝 내리깔면서 얘기하는 버릇

이 있었다. 팔꿈치에는 나무옹이 같은 흉터가 있었고, 왼쪽 쇄골 위에 새끼손톱만한 까만 점이 박혀 있었다. D는 큰 키와 굵은 다리 때문에 겨우 남자처럼 보였다. 어쩌면 그는 남자 색깔을 입혀놓은 여자였을지도 모르겠다.

D가 꽃이라면 웬만해서는 봉오리를 벌리지 않는 꽃일 것이다. 기다란 모가지와 보랏빛 꽃잎이 아름다워 사람들의 주목을 받지만, 웬일인지 활짝 피는 것은 어려워하는 꽃. 나비나 벌들이 몰려와 그를 구경하고 만지면 그들에게 미소를 짓다 지치는 꽃에 가까울 것이다.

D가 책이라면 235페이지의 진실과 6페이지의 거짓, 30페이지의 비밀로 이루어진 책일 것이다. 잠이 오지 않는 밤, 불을 켜고 앉아 소리 내어 읽고 싶은 소설, 가령 아모스 오즈의 『나의 미카엘』 같은 책 말이다.

D가 수학자라면 두뇌 회전이 빨라 계산은 정확히 해내지만, 존재하는 이론의 테두리를 결코 벗어나고 싶어 하지 않는 소극적인 수학자일 것이다. 학회에서 사람들을 놀라게 하는 학설을 발표하는 대신 고개를 끄덕이며 편하게 들을 수 있는 이론을 발표하는 수학자.

나는 D를 한 번도 가져본 적이 없었고, 그건 D도 마찬가지였다. 그러나 우리는 어쩌면 생각보다 깊이 서로를 소유하고 있었는지도 모르겠다. 언젠가 그가 결혼을 약속했던 여자와 헤어지던 날 밤, 나는 등허리를 둥글게 말고 침대 끝에 앉아 그를 둘러싼 크고 작은 슬픔에 대해 상상했다. 새끼발가락에 박힌 조그만 발톱을 마치 작고 단단한 비밀을 문지르듯, 오래 문질렀다. 수그린 자세로 공이 되어 그가 방황하는 시간을 같이 굴러다녔다.

나는 D에게 일어나는 모든 일을 가장 빨리 아는 사람이었다. 그에게 안 좋은 일이 생기면 그를 시소 높은 곳에 올려놓았고 진정될 때까지 아래로 내려주지 않았다.

시소 위에서 때때로 D의 머리카락을 만지기도 했다. 내밀 수 없는 팔을 내밀기도 했고, 잘린 팔을 선물하기도 했다. D의 젖은 머리카락과 말라서 푸석해진 머리카락들. 손가락 사이에 넣고 흔들어보면 해초처럼 순하게 기울어지던 선線들이 기억난다. 결국 남는 것은 디테일이다. 윤곽이 흐릿해져도 모서리는 무너지지 않는다.

이별에는 두 종류가 있다. 광장 한복판에서 브라스밴드의 음악을 들으며 하는 이별과 꽃기린의 꽃이 피었다 지는 속도로 천천히 다가오는 이별. D와 나의 이별은 후자였고 당시에는 이별을 인지하지 못했다. 시간이 흘러 우리가 시소에서 내려와 있다는 사실을 알았고, 그때 그 시소가 지금은 사라졌다는 것을 깨달았다. 때로 시소가 침대보다 가혹하기 때문에 우리 둘 중 한 명은, 어쩌면 둘이 사이좋게, 마음 한구석이 아렸을지도 모르겠다.

딱 한 번 D를 다시 만난 적이 있다. 제주도 비자나무 숲에서였다. 그는 반달만큼 어두워져 있었는데, 지난 날 D가 흐린 해에 가까웠다면 비자나무 숲에서 그의 모습은 반달만큼 어두워 보였다는 뜻이다. 비자나무 숲에 내리는 햇빛과 바람, 800년 이상을 초록으로 서 있던 거대한 나무들도 D를 빛나게 해주진 않았다.

우리는 비자나무 아래 숨은 버섯처럼 말없이 서 있었다. 그 옛날 우리가 그늘에 대해 진지했으며 뿌리에 대해 어느 정도는 비겁했다는 식의 이야기는 하지 않았다. D는 비자나무와 남쪽과 바람에 대해 이야기했고, 나는 나무의 나이와 냄새, 참을성에 대해 얘기했다.

11월이었다. 나뭇잎은 아직 싱싱하게 매달려 있었지만 여름의 초록에 비해 어두워져 있었다. 좁은 길로 들어서자 화산송이가 깔린 흙길이 나왔다. 길은 숲을 흐르는 붉은 강처럼 보였다. 나는 D에게 흙을 맨발로 밟아보지 않겠냐고 물었고 그는 웃으면서, 맨발은 추울 거라고 대답했다. 구두를 벗어 양손에 하나씩 들고 흙 위에 발을 올려놓았다. 살아 있는 동물의 평편한 등을 밟는 느낌이었다. 얇은 스타킹 아래로 느껴지는 차갑고 습한 기운이 온몸에 전해졌다. 발바닥에서 시작해 수직으로 몸을 통과하는 흙냄새가 몸을 반으로 가르듯 강렬하게 느껴졌다. 발이 차가워지자 몸에 난 구멍들이 옴짝거렸다. 스타킹은 발과 흙 사이를 막아 주는 얇은 막 역할을 했다. 한 알갱이의 흙도 발을 침범하진 못했지만 감촉은 선명했다.
"내 발이 흙을 만진 걸까?"
D는 내 물음을 듣지 못했다.

그날 우리는 비자나무 아래에서 마지막 시소를 탔고, 시소를 두고 왔다.

D를 생각하면 지금도 슬픔을 압지押紙로 누르는 것 같은 기분이 든다. 압지에 눌린 슬픔은 번지려다 실패한다. 목적을 잃고 자연스럽게 날아간다. D를 위해서라면 슬픔이 번져서도, 슬픔의 이유를 분명히 알아서도 안 된다. 이유를 찾기 시작하면 모든 것을, 정말로, 잃어버릴 것 같기 때문이다.

지금 나는 비를 기다리고 있다. 비는 다른 곳에서 시작해 이곳으로 오고 있다. 끝내 몸이 젖은 비자나무들이 진저리를 치며, 많은 것을 숨겨주겠지.

박연준
시인. 2004년 중앙신인문학상으로 등단했다.
시집 『속눈썹이 지르는 비명』 『아버지는 나를 처제, 하고 불렀다』가 있다.

초심자의 제주

글 **김호도** 일러스트 **이윤희**

서울에서 살고 있던 내가 제주도로 가야만 한다는 통보를 받게 된 것은 입사 열흘 하고도 이틀 전이었다. D-12, 내게 주어진 약 2주는 길면서도 짧은 시간이었다. 내 방에 뿌려져 있는 부스러 기 같은 짐들은 생각보다 많지 않아서 살림 정리는 일찍 끝났다. 이틀 만에 짐을 다 정리하니 서 울을 떠나는 일은 정말 쉬운 것이구나 생각했다. 그러나 마음의 정리는 어디까지 해야 하는지 전 혀 가늠이 되지 않았다. 나는 도시에서의 삶을 완전히 정리하고 인생 이모작을 하러 제주도에 가 는 것도 아니었고 여행이 곧 삶이거니 하면서 떠나는 자유인도 아니었기 때문이다. 그렇다고 제 주도에 난생처음 가보는 것도 아니었다. 그래서 나는 본래 목적만 생각하면서 서울을 떠났다. 생활의 연장으로서 '그저 일하러 가는 것이다'라고. 매일의 일상이 그곳이라고 뭐 다를 게 있을 까 하면서.

하지만 공항까지 나를 마중 나온 회사 동료들의 생각은 달랐던 것 같다. 그들은 드디어 엄마 품 을 벗어난 어린아이의 첫번째 제주 모험을 지켜보는 유치원 선생님의 눈을 하고 나를 기다리고 있었다. 어쩌면 그때 나의 얼굴이 제주도에 오기 위해 비행기를 처음 타봤다는 〈아빠 어디 가〉 의 어린아이와 같아서 그랬는지도 모르겠다. 그동안 제주 여행을 두 번 와봤던 나는 이곳에서 '다시' 어린아이가 되어 '처음' 제주에 온 사람이 되었다. 그러니까 나는 서울에서는 알아서 잘 사는 생활인이었지만, 이곳에 오니 처음부터 다시 자취의 첫 페이지를 시작하는 사람이 되었다 는 것이다.

그들이 나를 그렇게 본 이유는 간단했다. 여행의 기억으로 생활하기에는 제주와 서울은 너무 다 르고 또 새롭게 알아야 할 것이 많기 때문이었다. 그래서 나는 제주 사람이 되기 위하여 아기가 걸음마 배우듯 동료들이 사는 방식을 보면서 따라 배우고, 하나하나 물어보고 답을 듣는 식으로 첫날을 시작했다. 제주에 도착해서 먹게 된 첫번째 만찬, 근고기 식당에서부터 나는 고기 먹는 법을 새로 배웠다. 고기는 손님이 굽는 게 아니라 고깃집 아저씨가 굽는 거니까 그냥 계시면 됩 니다. 고깃집 아저씨가 노릇하게 구워서 숭덩숭덩 잘라주면 한 점 집어 멜젓을 찍어 먹습니다. 소주는 '한라산'을 먹는데 여기서 말하는 '하얀 거', '파란 거'는 병 라벨도 다르고 도수도 달라 요. 그리고 나는 제주도에 처음 온 사람이니 '파란 거'로 시작하게 되었다.

내가 제주인으로 새긴 초창기 기억들은 이런 것들이다. 제주 생활에 대한 동료들의 안내는 내가 이곳에서 잘 먹고 잘 사는 제주인이 되기 위해 그리고 잘 노는 제주 유랑자로 만들기 위한 신병 훈련을 목적으로 한 것이었다. 그래서 첫날부터 나는 육지엔 없는 향토 식당을 쏘다니게 되었는데, 이건 앞서 말한 두 가지 목적을 버무린 너무나 쉬워 보이는 입문 코스였다. 그 이후로도 회사 밥이 지겨울 때면 동료들을 따라 맛집을 다녔다. 흑돼지와 고기국수, 식도락 만화에서나 볼 법한 순댓국밥. 이것은 회사에서 새로운 일을 배우는 것만큼이나 생경한 경험이었다.

회사에서 업무를 새롭게 배운다는 것은 나 자신이 얼마나 영리하게 잘 해낼 수 있을까 하는 고민 그리고 심판과 함께 시작된다. 그런데 이곳에서의 생활은 내가 얼마나 영리하게 현지에 잘 흡수될 수 있을까 그리고 조금씩 다가오는 제주도라는 감각이 나를 흔들 때 이 리듬에 내 몸을 얼마나 잘 맡길 수 있을까 하는 고민과도 관련이 있었다. 내가 서울을 떠난 2012년 초겨울 서울 시청 앞 거리에서 본 것은 이파리가 다 떨어진 채 흔들리던 은행나무들뿐이었다. 같은 계절, 같은 시간 제주도에서는 야자수가 바로 그 은행나무의 자리를 대신하고 있었다. 이 나무들은 앙상하지도, 뻣뻣하게 굳어 있지도 않았다. 조금 추워 보였지만 여전히 숱 많은 이파리를 달고 있었고 찬바람이 불면 따라서 흔들리고 있었다. 은행나무가 없는 이곳의 야자수는 한겨울까지 넘실거렸다.

제주에서의 첫날은 새벽 세시까지 계속되었다. 술을 퍼 마신 뒤 제대로 쉬지 못하고 회사에서 마련해준 숙소에서 서너 시간을 앓는 듯 잤다. 대충 자고 일어나 화장실에 들어가 제주 사람이 된 나의 얼굴을 보았다. 마치 누군가에게 크게 얻어터진 사람처럼 벌겋게 일어나 있었다. 술독인지 물독인지 알 수 없는 한라산의 독이 온몸에 퍼져 있었던 것이다. 그것은 사실 독이라기보다는 얼른 제주 사람이 되고자 온몸의 혈액을 여기 것으로 물갈이한 긴급조치, 제주산 소독약을 퍼부은 것과도 같은 사건이었다. 잔뜩 붓고 열꽃이 올라 마치 한라산이 폭발할 것 같은 얼굴로 둘째 날을 시작했다. 제주도라고 아무데서나 한라산이 보이는 건 아닌데 회사에 도착하니 바로 그 산이 보였다. 너무 가깝잖아. 정말 여기는 제주도였다.

김호도
다음커뮤니케이션 서비스 기획자.
제주도에 적응하는 법을
느릿느릿 배우고 있는 평범한 사람.

제주에서 마당에
귤나무가 심어져 있다는 것

글 강병한 일러스트 이윤희

제주의 시간은 느리게 간다. 꼭 마음의 문제가 아니라 실제로 육지의(아마도 서울이겠지) 기준으로 볼 때 더욱 그렇다. 처음 이사를 와서 인터넷, 전기 관련 기술자를 부르면 바로 오는 경우란 없다. 마음을 비우고 최대 이틀을 기다려야 하는데, 한 사람의 기술자가 월수금, 화목토를 나눠서 제주의 동쪽, 서쪽을 다니기 때문이라나. 암튼 그렇게 오는 분마다 꼭 집에 대해 한마디씩 거들고 간다. 특히 마당에 귤나무, 제주에서는 미깡(밀감)이라 부르는 귤나무가 심어져 있는 경우 거드는 말이 길어진다. 심할 경우 본업은 10분이요, 미깡에 대한 견해는 30분이다.

"미깡 이렇게 키우시면 안 돼요."

제주에 입도해서 현지 분들에게 가장 많이 들은 말이다.

가물 때 물은 철철 넘치게 줘라, 가지를 잘라줘라, 비료를 줘라, 잎이 병들었으니 약을 쳐라, 가장 극한의 말은 이미 뿌리를 내리긴 글렀으니 파버려라였고, 대안으로 제시하는 말은 과수원에서 솎아내는 5년생 이상 나무 얻어 와서 새로 심어라였다(그 과수원은 어디 있냐고요). 견해는 무궁무진하고 집 마당의 귤나무는 점점 몹쓸 것으로 변해간다.

"마당에 강아지를 풀어놓고 기르기 때문에 약을 치는 것은 곤란한데요."

물론 강아지는 변명이다. 컴퓨터 자판만 치던 사람에게 농약 치는 것은 공포, 그 자체다. 약 치다가 뒤집어쓰면 어떡하나, 최대한 안 하고 살고 싶다고.

"약도 안 칠 미깡을 뭐하러 키워."

"과실수는 그냥 보는 것만으로 즐겁잖아요."

"아, 그러게 약을 쳐야 미깡이 열린다니까."

생각을 바꿔서 무농약 재배를 하고 싶은 거라고 둘러댔는데, 이분들 — 여기서 이분들이라하면 한국통신 기술자, 한국전력 직원, 옥상방수 전문업자분들이다 — 자연산 퇴비를 만드는 법에 대한 나름의 견해를 들려주신다. 끝도 없다. 이러다가 진짜 귤농사 지으시는 분들이라도 만나면 해가 질 때까지 잔소리를 듣겠구나. 안 되겠다. 귤나무를 바꿔 심어볼까?

예전에 취재를 갔었던 인연으로 김영갑 갤러리 관장님께 연락을 해본다. 옳다구나, 김영갑 갤러리에서 주차장을 만들기 위해 10년생 귤나무를 잘라내야 한단다. 원하는 만큼 줄 수 있다고, 가지고 가라신다. 빙고, 왔구나! 이제 모든 잔소리는 안녕이다. 이제 없던 고장이라도 만들어서 제주 기술자들 다 불러모아놓고 탐스러운 귤나무를 선보일 일만 남았구나.

트럭을 수배해본다. 제주에는 거의 모든 집에 트럭이 있어서 문제없을 줄 알았다. 그런데 모두 1톤 트럭이라네. 1톤 트럭으로는 10년생 귤나무 한 그루 올리면 끝이란다. 가까운 거리라면 자주 왕복이라도 해서 옮길 텐데…… 그런데 너무 멀다. 내가 있는 고산에서 표선까지는 왕복 3시간이라고. 관장님은 애석해하고, 나는 속으로 울었다.

그렇게 겨울이 오고, 마당에 심어진 20여 그루의 시들시들한 귤나무에서 12개의 어여쁜 귤이 열렸다. 이웃 분들이 혀를 찼는지, 웃으셨는지는 모르지만 귤 12개에 각각의 고유번호를 매겨줬다. 새삼 느끼는 거지만 자연은 위대하다. 도시에서의 삶을 버리고 제주로 이민왔다고 말하지만, 나의 삶에는 아직도 도시의 습관이 남아 있다. 책과 인터넷에서 정보를 얻고 배웠다고 착각한다. 결코 열매를 맺을 수 없을 거라 생각했던 귤나무였지만 나의 방임을 극복하고 귤을 키워냈다. 결국 제주 분들의 수많은 조언들은 몸을 부지런히 움직여본 사람만이 알 수 있는 지혜였다. 육지에서 온 먹물쟁이가 멀쩡한 나무 다 죽여가는 걸 보기가 안타까웠겠지. 나 역시 제주의 시간에 맞춰 느리지만 착실히 배워간다. 올해는 비료를 줘봐야겠다. 잔유물이 남지 않는 약을 찾아서 조금 쳐볼까? 그렇게 하면 다음번 겨울에는 지금의 10배를 키워내서 게스트들과 나눠먹을 수 있을까? 누가 가능하다고 말 좀 해줬으면. 조만간 제주 기술자분 아무나 불러야겠다. 귤은 한 겨울이 지나 수확할 시기는 지나갔지만 지금도 마당에서 자태를 뽐내고 있다. 아이고, 아까워서 어떻게 따나!

강병한
오렌지 다이어리 게스트하우스 주인장.
잡지 기자, 출판사 편집장을 거쳐
제주에 정착한 시골 생활 초보자.

모살

당신은 누구십니까?

글 사진 **김민채**

제주에서 잤다. 우리가 지금 하는 일들은 대부분 치열하다.

우리는 제주에서 현직 카페 주인인 사람들을 만났다. '제주도에서 카페 주인이라니. 엄청나게 좋은 거 아냐?' 그들의 일은 낭만 있어 보였고, 조금은 한가로워 보였다. 어쩐지 부러운 일이었다. 그들은 지금, 제주에서 카페를 운영하고 있다. 그들의 '전직'을 물어야만 했다. 그들이 누구기에 왜, 어떻게 여기 제주에서 카페를 하며 살아가고 있는지 궁금했기 때문이었다. 누군가는 편집디자이너, 누군가는 영상 제작자, 누군가는 또다른 카페의 주인…… 또 누군가는 서울 사람이었으며, 누군가는 제주 토박이였다. 상상하지 못했던 다양한 경우의 수가 발생했다.

그들은 어떤 이유로든 제주도에서 카페를 시작했다. 사람들은 한량이라고, 낭만적이라고, 제주 카페 주인들을 평가했고 부러워했다. 하지만 '현직' 카페 주인의 일이란 그렇지 않았다. '제주에서 카페 하기'는 내일까지 내면 그만인 학교 과제도 아니었고, 친구들과 노닥거리는 장난도 아니었다. 그것은 그들의 일, 그들의 업이었다. 분명한 건 그들이 누구보다도 치열하게 살아남고 있다는 것이었다. 업이라는 것이 언제나 그러하듯 낭만의 문제가 아니라 생존의 문제였다. 그들은 거기 제주에서, 카페 주인으로 살아남아야만 했다. 몇 시에 문을 열고 닫는지, 손님이 얼마나 드는지, 카페 수입이 그들의 생계를 책임질 수 있는지를 생각해야만 했다.

'그럼에도 불구하고' 나는 그들에게서 낭만을 발견했다. 그들이 어떤 전직을 떠나 현직 카페 주인이 되었듯, 언제든 그들이 카페 주인을 전직으로 남겨둔 채 훌훌 날아가버릴 '용기'를 가진 이들이라는 까닭에서였다. 그들은 그들의 공간에 사람이 모이길 바랐고, 거기에서 행복한 일이 벌어지길 원했으며, 때론 그들이 꿈꾸는 일을 공간 안에 펼쳐두었다. 그 공간이 다만, 카페일 뿐이었다.

그래, 무언가를 시작할 수 있는 딱 그만큼의 용기라면 가능할 것이었다. 훗날 누군가 그들에게 "당신은 누구십니까?" 하고 묻는다면, 그들이 또다른 현직을 이야기할지도 모르겠다. 상상할 수 있는 것, 밖에 존재하는 답일 수도 있다. 어쨌거나 그들은 지금 제주에서, 카페를 운영하고 있다.

이토록 미련한 출장

글 사진 **이혜인**

식은 치킨을 먹었던 게스트하우스에서 찍었다. 뿔난 나무.

제주도로 떠나기 전, 룰루랄라 여행 가는 기분은 아니었지만 그렇다고 아예 설레지 않았던 것은 아니다. 제주도에서 카페 투어라니. 때깔은 그럴듯했다. 제주의 정취를 느끼며 마시는 커피 한 잔. 친구의 표현을 빌리자면, 그야말로 '꿀' 같은 출장이었다. 인정. 하지만 외국의 어느 휴양지를 다녀온들 그것의 목적이 일이라면 경험자의 소감은 한결같다. 출장은 출장일 뿐 여행이 될 수 없다는 것.

나의 출장도 예외일 수는 없었다. 투어라는 이름에 걸맞게 흡사 패키지 관광 같은 빡빡한 일정을 소화해야 했다. 내가 짜놓고 내가 투덜댄 이 일정은 맘도 편하지 않았고 몸도 편하지 않았으며 무엇보다 속이 편하지 않았다. 카페 투어의 숙명과도 같은 '물배와의 전쟁'에서 처참하게 지고 만 것이다. 물론 주문한 커피를 전부 다 마시는 바보 같은 행동은 삼갔지만 음료의 양과 식음의 간격을 영리하게 조절하지는 못했다. 소화되지 못한 액체는 걸을 때마다 위장에서 신나게 찰랑거렸다(나도 이십대 초반에는 괴물 같은 소화력의 소유자였는데!). 밤이 늦도록 배는 꺼지지 않았고 살짝 허기를 느낄 때쯤이면 대부분의 식당이 문을 닫은 상태였다. 밥시간에 맞춰 적당한 시장기를 느끼는 일이 얼마나 소중한 건지 나는 그때 알았다. 결국 침대에 누워 스마트폰으로 흑돼지라든가 회라든가 제주의 맛집 사진을 검색하며 밤 시간을 보냈다.

어느 날 밤은 게스트하우스에서 만난 여행자들이 먹다 남은 치킨을 나눠주었다. 맛은 나쁘지 않았다. 그저 이보다 맛있는 서울의 치킨집이 다섯 군데 정도 떠올랐을 뿐이다. 그렇다. 오로지 미련한 이들만이 제주에서 식은 치킨을 뜯어 먹는다. 서울로 올라오는 날, 비행기에 오르는 여행자들의 얼굴에서 잘 먹고 잘 쉰 자 특유의 윤기가 흐르고 있었다. 나와 동행인의 얼굴만 왠지 모르게 커피색이 되어 있었다나 뭐라나. 뭐 어쩌겠나. 일과 잿밥 둘 다 만족스러운 출장을 기대하는 것은 유럽 여행 떠나면서 기차 옆자리에 에단 호크 같은 남자가 앉길 꿈꾸는 일과 다를 바가 없다. 그래서 말인데 다음 호 테마는 '제주의 맛'으로 하면 안 될까? 나 잿밥 욕심 안 내고 취재만 열심히 할 수 있는데……

Jeju travel mook

섬데이 제주 Someday Jeju 1

초판 1쇄 인쇄 2014년 5월 9일
초판 1쇄 발행 2014년 5월 15일

지은이 / 북노마드 편집부

펴낸이, 편집인 / 윤동희

기획, 편집 / 김민채 이혜인
기획위원 / 홍성범
디자인 / 한혜진
사진 / 김민채 이지예
마케팅 / 방미연 최향모 김은지 유재경
온라인 마케팅 / 김희숙 김상만 한수진 이천희
제작 / 강신은 김동욱 임현식
제작처 / 영신사

펴낸곳 / (주) 북노마드
출판등록 / 2011년 12월 28일 제406-2011-000152호

주소 / 413-120 경기도 파주시 회동길 216
문의 / 031.955.8869(마케팅) 031.955.2646(편집) 031.955.8855(팩스)
전자우편 / booknomadbooks@gmail.com
트위터 / @booknomadbooks
페이스북 / www.facebook.com/booknomad

ISBN   978-89-97835-55-3 04980
        978-89-97835-54-6 (세트)

● 본문 사진 중 일부는 제주 사람들의 동의를 얻고 제공을 받아 사용했습니다.

● 이 책의 국립중앙도서관 출판시도서목록(CIP)은
  e-CIP 홈페이지(www.nl.go.kr/cip.php)에서 이용하실 수 있습니다.
  (CIP 제어번호:CIP 2014014344)

북노마드